Almas Asadova

Situação dos trabalhos de seleção de feijões para legumes e cereais

Almas Asadova

Situação dos trabalhos de seleção de feijões para legumes e cereais

No Azerbaijão

ScienciaScripts

Imprint

Any brand names and product names mentioned in this book are subject to trademark, brand or patent protection and are trademarks or registered trademarks of their respective holders. The use of brand names, product names, common names, trade names, product descriptions etc. even without a particular marking in this work is in no way to be construed to mean that such names may be regarded as unrestricted in respect of trademark and brand protection legislation and could thus be used by anyone.

Cover image: www.ingimage.com

This book is a translation from the original published under ISBN 978-3-659-85879-6.

Publisher:
Sciencia Scripts
is a trademark of
Dodo Books Indian Ocean Ltd. and OmniScriptum S.R.L publishing group

120 High Road, East Finchley, London, N2 9ED, United Kingdom
Str. Armeneasca 28/1, office 1, Chisinau MD-2012, Republic of Moldova, Europe
Printed at: see last page
ISBN: 978-620-2-05913-8

ÍNDICE DE CONTEÚDOS

Fornecer alimentos à população mundial é a questão mais premente dos tempos modernos. O problema da nutrição da humanidade é de grande importância nos dias de hoje, porque um terço da população mundial passa fome, especialmente no continente africano. Por isso, os governos de quase todos os Estados e as organizações internacionais estão a lidar com este problema. São tomadas medidas organizacionais e económicas especiais, em particular, como o estímulo à produção de cereais, o intercâmbio de material de reprodução para aumentar a eficiência do processo de criação de novas variedades, o enriquecimento do genoplasma como base para as mesmas.

A questão do fornecimento de alimentos de qualidade a uma população em rápido crescimento é premente em todo o mundo   .
Os institutos agrícolas de diferentes países estão a juntar-se em centros para acelerar o desenvolvimento de variedades de cereais e leguminosas de maturação precoce, de elevado rendimento e resistentes às doenças e à seca. Isto ajuda a acelerar a criação e a produção de sementes e a divulgar mais amplamente as novas variedades em países com climas semelhantes.

Um desses centros é o Centro Internacional de Investigação Agrícola nas Zonas Secas - ICARDA. Missão - O ICARDA contribui para melhorar o bem-estar das pessoas pobres que vivem nas zonas secas, reforçando a segurança alimentar e reduzindo a pobreza através da investigação e da cooperação, a fim de alcançar um crescimento sustentável da produção e dos rendimentos agrícolas, assegurando simultaneamente uma utilização eficiente e equitativa e a conservação dos recursos naturais. As actividades do ICARDA visam a realização de investigação agrícola avançada e a garantia do livre intercâmbio de germoplasma e das informações necessárias à investigação.

Nos últimos 17 anos, o ICARDA distribuiu cerca de 50 variedades de cereais e leguminosas em oito países da Ásia Central e do Sul do Cáucaso. Estas variedades foram libertadas e introduzidas com êxito nas práticas agrícolas destes países.
Fundada numa conferência realizada no Quebeque, em 16 de outubro de 1945, a FAO é a principal agência do sistema das Nações Unidas para o desenvolvimento rural e a produção agrícola. O lema da organização é "ajudar a construir um mundo sem fome". A FAO trabalha para aliviar a pobreza e a fome no mundo, promovendo o desenvolvimento agrícola, melhorando a nutrição e abordando a segurança alimentar - a disponibilidade para todos, em todos os momentos, dos alimentos necessários para uma vida ativa e saudável.

Outra componente importante do trabalho da FAO é a conservação dos recursos genéticos agrícolas e da biodiversidade das espécies vegetais e animais utilizadas pelos seres humanos. A FAO considera a biodiversidade como um pré-requisito para a alimentação e a agricultura e considera-a o recurso mais importante da Terra.

O FAO STAT é um produto público fornecido pela FAO a utilizadores de todo o mundo.

Recentemente, foram estabelecidas relações estreitas com os países recentemente independentes da CEI. O programa IWWIP assegura que os países cooperantes testam diferentes variedades de cereais e leguminosas em ambientes contrastantes e selecionam as melhores variedades adaptadas a uma vasta gama de ambientes.

Em todos os tempos, o padrão internacional determinante do desenvolvimento socioeconómico de um Estado civilizado tem sido o nível de vida da sua população, cujo principal indicador é o nível de consumo de alimentos vitais, incluindo o consumo de legumes e frutas. Neste contexto, muitos países adoptaram e estão a aplicar com êxito programas estatais para o desenvolvimento da horticultura.

A principal fonte de proteína vegetal para a nutrição humana tem sido, desde há muito, as leguminosas de grão, entre as quais o feijão ocupa um lugar especial. As proteínas do feijão vegetal estão próximas das proteínas da carne, que o feijão tem mais do que no peixe e na carne, e devido aos sais minerais de cálcio, ferro, vitaminas e outras substâncias necessárias para o corpo humano, o feijão vegetal é recomendado para doenças do fígado, avitaminoses e outras.

A relevância deste trabalho está principalmente relacionada com o problema da criação de novas variedades de leguminosas para grão, combinando uma produtividade consistentemente elevada com resistência ambiental a condições ambientais extremas (abióticas e bióticas).

INTRODUÇÃO

Todas as leguminosas para grão pertencem à família das leguminosas *(Fabaceae)* e têm muito em comum em termos de biologia vegetal, métodos de cultivo e qualidade dos produtos. As leguminosas podem ser divididas, com alguma aproximação, em 3 grupos, de acordo com as suas caraterísticas botânicas 1) plantas com folhas pinadas e vagens que permanecem no solo - ervilhas, chinas, grão-de-bico, lentilhas, feijões e ervilhaca; 2) plantas com folhas triplas e vagens que saem para o exterior (esverdeamento) - feijões, soja, dolichos (amendoins); 3) plantas com folhas em forma de flanela, com vagens que também vêm à superfície - tremoços.

As leguminosas para grão incluem: ervilhas, feijão forrageiro, ervilhaca, feijão comum, tremoço, soja, lentilhas, grão-de-bico, grão-de-bico. São cultivadas para produzir sementes com elevado teor de proteínas. Estas culturas dividem-se, segundo a sua importância económica, em: alimentares, forrageiras, técnicas e universais. As leguminosas são de grande importância económica nacional devido à sua utilização diversificada e, sobretudo, porque são as fontes mais importantes de proteínas vegetais. O cultivo destas culturas contribui para o aumento dos recursos cerealíferos do país, para a solução bem sucedida do problema das forragens proteicas e para a melhoria da fertilidade dos solos através da fixação do azoto atmosférico.

As leguminosas de grão desempenham um papel importante na nutrição humana e na alimentação dos animais de criação. As proteínas das sementes destas culturas contêm quase todos os aminoácidos essenciais: triptofano, lisina, metionina, valina, treonina, fenilalanina, leucina, isoleucina, necessários ao crescimento e desenvolvimento de um organismo vivo. Os seguintes aminoácidos são também essenciais: histidina, arginina, cistina e trosina. A falta de aminoácidos essenciais na alimentação conduz a perturbações metabólicas no organismo e a doenças.

As sementes de leguminosas de grão têm 2 a 3 vezes mais proteínas do que as sementes de cereais.

Uma caraterística das proteínas das leguminosas é o facto de serem facilmente solúveis em água, em soluções de sais neutros e em soluções fracas de álcalis. Quanto mais facilmente a proteína se dissolve, mais acessível é para o organismo humano e animal.

O feijão e as lentilhas caracterizam-se por um elevado sabor e qualidades culinárias, sendo apenas utilizados na alimentação humana. Na agricultura mundial, as leguminosas para grão ocupam cerca de 13-14% da sementeira de pão para grão. Em termos de área semeada, as ervilhas e a soja ocupam o primeiro lugar, seguidas do tremoço. O feijão, as lentilhas, o grão-de-bico e o feijão forrageiro são cultivados em pequenas áreas.

O feijão é cultivado para grão, como legume e para enlatamento. Consomem-se sementes maduras, espátulas verdes e sementes imaturas de variedades de feijão-verde. Os feijões hortícolas são apreciados pelo seu excelente sabor e pelas suas propriedades nutricionais e medicinais.

O feijão enriquece o solo com azoto e melhora as suas propriedades físicas. Após a colheita do feijão, permanecem no solo 40-60 kg de azoto por 1 ha.

A principal caraterística da agricultura moderna é a produção de culturas com um consumo limitado de energia antropogénica e a preservação do ambiente da degradação e da poluição. Uma das formas de abordar estas questões é a introdução de novas variedades na produção, cujas agrocenoses, devido ao seu potencial adaptativo significativo, proporcionam um elevado nível de realização da produtividade com custos energéticos mínimos e têm um impacto positivo nos elementos de fertilidade do solo [53; 66].

As alterações climáticas causadas por fenómenos naturais e pela poluição antropogénica do ambiente conduzem a uma diminuição da imunidade e das propriedades adaptativas das variedades existentes de culturas cultivadas, o que altera fundamentalmente o foco da criação. Nas condições modernas, uma direção conveniente e economicamente justificada da criação é a obtenção de variedades para condições específicas de uma determinada região. Uma das principais tarefas do melhoramento é o desenvolvimento da direção adaptativa-ecológica, que permite expandir as capacidades adaptativas das novas variedades na sua distribuição geográfica [38].

A multiplicação e a rápida introdução de variedades de elevado rendimento na produção é um meio eficaz de aumentar os rendimentos [61]. Uma das principais razões que impedem a utilização generalizada do feijão é a sua aptidão para a colheita mecanizada. Essas variedades devem ter uma elevada ancoragem dos feijões inferiores, resistência dos feijões à fissuração, tipo de crescimento determinante, maturação simultânea e resistência ao acamamento [15;47;71].

E.E. Ditmer chegou à conclusão, através dos seus trabalhos de investigação, que para o feijão de direção granulosa o arbusto deve ser comprimido, sem tendência para uma forte ramificação [36]. Alguns criadores consideram que as formas de feijão de haste única podem ser prometedoras [72]. Todas as variedades de utilização para grão têm uma particularidade de cultura tecnológica do feijão para grão com colheita mecanizada.

A criação de variedades com um complexo de determinadas caraterísticas selecionáveis para condições edafoclimáticas específicas assegurará o desenvolvimento, a eficiência e a sustentabilidade dos agro-ecossistemas.

O método de modelização permite selecionar caraterísticas e formas significativas no processo de melhoramento para as incluir na criação de novas variedades de feijão quando se implementa a abordagem ecológica do melhoramento.

A soja ocupa o primeiro lugar em termos de superfície semeada na agricultura mundial, seguida do feijão, em segundo lugar, do amendoim, em terceiro, do grão-de-bico, em quarto, da ervilha, em quinto, seguida do feijão, da vigna, etc.

CAPÍTULO 1

REVISÃO DA LITERATURA

1.1. A importância do material de origem na reprodução e as formas da sua otimização em relação à tarefa de aumentar a eficiência do processo de reprodução

A principal tarefa do melhoramento, enquanto ciência, é criar novas variedades que excedam as melhores variedades existentes nas suas qualidades económicas. O sucesso no desenvolvimento de novas variedades depende, em grande medida, da escolha correta do material de origem. O envolvimento de um material de origem amplo e diversificado e o seu estudo exaustivo são o pré-requisito principal para o estabelecimento correto do trabalho de melhoramento. As principais fontes de material de origem, como é sabido, para a seleção são 1) as melhores variedades locais - populações; 2) as melhores variedades de reprodução; 3) colecções mundiais de formas de plantas cultivadas, recolhidas em repositórios nacionais de diferentes países do mundo, onde se concentram amostras de parentes selvagens e semi-cultivados das espécies mais importantes de plantas cultivadas.

A doutrina e o conceito de material de origem para o melhoramento genético foram dados pela primeira vez por N.I. Vavilov. Um enorme património genético de feijão foi recolhido diretamente por N.I.Vavilov e seus colaboradores na maioria dos países do mundo. Atualmente, a coleção de feijões inclui 6563 amostras, das quais mais de 2000 de feijões hortícolas. As antigas variedades de feijão-verde da coleção continuam a ser procuradas hoje em dia, uma vez que possuem frequentemente caraterísticas valiosas. Muitas variedades de legumes dos EUA, devido à sua produtividade, resistência ao mosaico comum, bacterioses, antracnose, aptidão para a colheita mecanizada, tornaram-se mundialmente famosas - Tenderette, Corbet Refugee, Giant Stringless Green Pod, Blue Lake, Resistant Cherokee, Cornell 49-242, Idaho Refugee, Tenderwhite, Logan, Contender e outras. A variedade hortícola Corbett Refugee serviu de base a um certo número de variedades de alta qualidade resistentes ao mosaico comum (Harvester, White Seed Tendercrop, Excutive, etc.). As variedades do grupo Blue Lake continuam a ser a referência de alta qualidade do feijão [105].

A grande popularidade dos feijões hortícolas na Bulgária levou ao desenvolvimento das variedades Zarya, Oreol, etc., resistentes ao mosaico comum e com elevada qualidade de feijão. Na Alemanha, são cultivadas principalmente variedades hortícolas, incluindo as conhecidas Saxa, Wilhelm, Triumph, bem como as variedades resistentes a doenças Declivis Romulus, Declivis Remus, Valja, Lusia, Jutta, Esto, Dilana.

A maior parte da coleção (97%) é constituída por feijão comum. A coleção de feijão VIR deu origem ao desenvolvimento do trabalho de melhoramento nos países da ex-URSS e na Rússia. O estudo exaustivo da coleção VIR contribui para a expansão constante da área geográfica da cultura como um todo. Na última década, a coleção recebeu mais de 500 variedades de reprodução e locais de todo o mundo [10].

Os principais objectivos do melhoramento do feijão em todas as áreas de cultivo são a criação de variedades de alto rendimento com rendimentos estáveis ao longo dos anos, resistentes a doenças, pragas e factores ambientais adversos, adequadas ao cultivo mecanizado, bem como a obtenção de feijões de alta qualidade em variedades de feijões hortícolas. O fornecimento orientado de material de origem aos criadores é facilitado pelas colecções de caraterísticas estabelecidas sobre as caraterísticas mais importantes para a reprodução. Os criadores obtiveram êxitos consideráveis no desenvolvimento de novas variedades e de novos métodos de seleção, mas subsistem muitos problemas. Ao nível moderno da investigação teórica sobre a biodiversidade do feijão, os problemas de melhoramento do feijão são bastante solucionáveis. Mesmo N.I. Vavilov salientou que o êxito do trabalho de seleção ... é largamente determinado pelo material de origem [13]. A disponibilidade de uma variedade de material de origem é necessária para a criação de novas variedades ou o melhoramento de variedades atualmente utilizadas, para a implementação de vários programas de melhoramento. A coleção mais rica de acessos de feijão, concentrada no VNII da Indústria Vegetal com o nome de N.I. Vavilov (VIR), tem esse material de origem [10].

Para desenvolver uma nova variedade, é necessário conhecer as condições da sua zona. Nomeadamente, tipos de solo, factores meteorológicos, doenças, particularidades agrotécnicas, nível de cultura agrícola, factores ambientais limitantes. Tudo isto é importante para a possibilidade de criar as variedades mais adaptadas às condições locais. Para quaisquer condições, a melhor variedade será aquela que tiver um complexo de propriedades economicamente úteis e o menor número de caraterísticas negativas [59;12].

1.2. Importância económica e utilização, produção moderna

O feijão (género *Phaseolus* L.) é cultivado para semente como leguminosa proteica, como cultura hortícola e, menos frequentemente, como planta com flor e para adubo verde. O feijão é amplamente conhecido e popular em todos os continentes do globo. Esta cultura desempenha um papel importante na eliminação da deficiência de proteínas completas na dieta humana. As sementes de feijão contêm 17,3-23,4 por cento [9]. É importante que a sua composição de aminoácidos seja próxima das proteínas da carne e do peixe, e a sua digestibilidade pelos humanos atinge 75-80% [70]. Elevado valor nutricional. As sementes de feijão são 3,5 vezes mais calóricas do que as batatas. O feijão verde e os turnos colhidos na fase de maturação técnica (na lâmina) contêm 9-11% de matéria seca, 2,4-3,4% de açúcar, 1,6-2,8% de proteínas, 20-30mg% de ácido ascórbico [80]. O feijão também contém vitaminas K, Bi, B2, PP, Bb, ácido pantoténico, minerais - sódio, potássio, magnésio, cálcio, ferro, fósforo, iodo.

Para além das espécies exclusivamente ornamentais, muito apreciadas pela beleza e pelo perfume das flores (P. *caracalla)*, e das espécies cujo valor nutritivo se reduz à escavação e ao consumo de raízes tuberosas espessas apenas em períodos de fome *(P. tuberosus)*, existem espécies utilizadas exclusivamente para forragem verde *(P. retusus)*, para forragem verde e adubo verde *(P. semirectus)*. A maioria das espécies tem uma utilização complexa: para grão, palha, forragem verde e adubo verde (P.*trilobus, P.aconnitifolius, P.mungo, P.aureus, P.angularis, P.calcaratus, P.acutifolius, P.multiflorus)*. Para 2 espécies *(P.vulgaris, P.lunatus)* o objetivo principal é alimentar (grão, espata verde) e industrial (grão enlatado e espata verde); um papel menor é desempenhado pela forragem e pela sideração.

Na agricultura mundial, o feijão comum ocupa uma posição dominante entre as leguminosas alimentares de grão e caracteriza-se pela maior polimorfose de traços e propriedades. Particularmente grande é a diversidade de feijões em termos de tamanho, forma e cor das sementes. Existem diferenças na arquitetura da planta: altura, tipo de crescimento, forma e densidade do arbusto, nível de disposição dos feijões nos caules, bem como a duração do período vegetativo. A classificação botânica do feijão comum baseia-se na ecologia do material de origem. Foram estabelecidos 30 ecotipos [42].

Os feijões apresentam um grande polimorfismo de formas biológicas devido à variedade de habitats que ocupam. Assim, nas florestas tropicais, são representados por trepadeiras perenes típicas, cuja altura atinge a altura das árvores de primeira ordem, com caules lenhosos divididos como fios de corda, ramificados apenas no topo, com folhagem poderosa localizada, como flores, nas camadas superiores. Em florestas mais esparsas e ao longo das bordas, a folhagem das lianas é densa e uniforme; a massa de flores e feijões formada ao longo de todo o comprimento dos caules é impressionante. Nas associações arbustivas, as trepadeiras não atingem tais comprimentos; a par das perenes, existem também espécies anuais: a sua altura não ultrapassa alguns metros, os seus caules são fracamente lenhosos ou herbáceos. Em função do suporte, cuja altura é muitas vezes inferior à do cipó, e nos movimentos progressivos para se apoiar num novo suporte, os caules têm muitas vezes de se agitar no solo ou de saltar de arbusto em arbusto. Por conseguinte, os caules ramificam-se pouco e a folhagem situa-se principalmente na base.

Na transição para estepes, gramíneas e habitats mais abertos (taludes, formações rochosas), em paralelo com o aumento da escassez do povoamento de gramíneas e a diminuição da altura dos seus componentes, que podem desempenhar o papel de suportes para os caules trepadores de fasóis, estes últimos começam gradualmente a perder a capacidade de se torcer. O arbusto torna-se ascendente, densamente ramificado a partir da base, ramos - fracamente ondulados ou ondulados, com folhas no topo. Nas savanas, bem como quando vivem entre rochas, já existem formas perenes semi-arbustivas com caules lenhosos semi-erectos. Nos substratos soltos dos semi-desertos e das costas arenosas, para se protegerem dos ventos e da secura provocada pela forte insolação, crescem formas de feijão com nós grossos e rectos. As folhas destas formas são grossas, cinzentas ou amarelo-esverdeadas, densamente pubescentes.

Os centros de polimorfismo do feijão nas Américas coincidem com os centros de agricultura. De acordo com Spinden, a cultura do feijão teve origem há 4000 anos a.C. e, de acordo com Bukasov, há 3000 anos, na área de agricultura de sequeiro com uso limitado de irrigação nos planaltos do sul do México e da Guatemala. S.M.Bukasov acredita que a cultura do feijão foi introduzida pelos protomaianos que viviam nas terras altas da Guatemala [35].

É uma das principais culturas hortícolas em muitos países do mundo. Os principais consumidores são os países asiáticos, principalmente a China, a Indonésia e a Turquia. A Ásia possui 72,7% da área cultivada de feijão-verde no mundo. A área plantada com esta cultura no mundo está a aumentar anualmente e, em 2010, de acordo com dados da FAO, totalizou 1 milhão 495 mil ha (FAO STAT) [105].

Consoante a forma da secção transversal do feijão, a presença de uma camada de pergaminho nas abas e de fibras na costura do feijão, as variedades hortícolas dividem-se em variedades açucareiras, semi-açucareiras e tussock. As melhores variedades açucareiras apresentam grãos carnudos e arredondados, sem camada de pergaminho nas abas do feijão verde e sem fibras na costura do feijão. As variedades semi-açucareiras podem apresentar uma pequena quantidade de fibras nas abas dos feijões. O feijão Turshe caracteriza-se pela sua forma achatada e pela ausência de uma camada de pergaminho e de fibras no feijão. Os feijões com grãos longos e finos, de secção transversal arredondada, são designados por feijões espargos. A genética do feijão permite saber que a forma do feijão depende de muitos genes. As plantas com os genes Ea, Ebja, lb têm feijões achatados, e com os genes ea, eb, ia, ib- arredondados. O gene recessivo st determina a presença de fibras nos flaps do feijão. O gene Ts determina a dependência da formação de fibras em relação à temperatura - as fibras desenvolvem-se mais a altas temperaturas. A presença de uma camada de pergaminho nos folíolos do feijão é controlada pelo gene To.

Como leguminosa de grão cultivada, o feijão é um bom precursor dos cereais de primavera e de outras culturas.

Muitas espécies de feijão são comuns nas culturas domésticas. Nas repúblicas do Cáucaso e da Ásia Central, cultiva-se feijão mungo e feijão adzuki. Aqui, o feijão é frequentemente cultivado em culturas mistas com milho, batata e melão [10].

1.3. Caracterização botânica e caraterísticas biológicas

Existem 230 espécies de feijão na natureza, das quais 17 são utilizadas na cultura. Na União Soviética, cinco espécies têm importância económica e produtiva: feijão comum, multifloral, tepary, lima e feijão-mungo. As variedades de feijão para grão na URSS pertencem a duas espécies: o feijão comum e o feijão mungo.

O feijão comum é uma planta de horta bem conhecida. O nome da planta deriva do grego "barco estreito e comprido" - da forma das abas abertas do fruto do feijão.

O feijão comum (Phaseolus *vulgaris* L.) foi cultivado na Europa durante muito tempo como planta ornamental e só no século XVII se tornou conhecido como cultura alimentar. Esta planta é conhecida pela humanidade desde tempos muito antigos. A primeira menção do feijão em registos escritos antigos remonta ao II milénio a.C.. Era utilizado como alimento na China antiga. E as primeiras sementes de feijão foram encontradas por arqueólogos que trabalhavam em escavações de monumentos da cultura pré-Inca no Peru. Esta planta era muito utilizada pelos antigos Incas e Astecas, e os antigos Gregos e Romanos utilizavam o feijão não só como alimento, mas também como remédio medicinal. Os eslavos conheceram o feijão por volta do século XI. Existem tipos de feijão americanos e asiáticos. As espécies americanas caracterizam-se por feijões grandes e achatados, com bicos longos e sementes grandes. As espécies asiáticas são pequenos feijões cilíndricos. O feijão comum é a espécie mais cultivada. Em termos de padrão de crescimento, existem formas desde arbustivas a encaracoladas e, em termos de duração do período vegetativo, desde a maturação precoce até à maturação tardia. Apresenta formas altas, semi-pendentes, arbustivas e arbustivas com enrolamento (nutting) com uma altura de caule de 40-250 cm.

A raiz é uma raiz axial, penetrando a uma profundidade superior a 1 metro.

O caule de algumas variedades é encaracolado, de outras é reto; fortemente ramificado, coberto de pêlos esparsos.

Brácteas pequenas, ovadas; brácteas linear-lacetadas.

As folhas são triplamente compostas, pinadas e pedunculadas, com longos pecíolos. As folhas verdadeiras são triplas, as folhas primárias são emparelhadas; os folíolos são grandes, ovados, amplamente ovados ou romboidal-ovados; frequentemente acuminados; a coloração é verde-amarela, verde, verde-escura e antocianina. Os caules e as folhas são pubescentes.

Os caules das flores são axilares, com 2-6 flores cada. As flores são branco-esverdeadas, cor-de-rosa, cor-de-rosa escuro e violeta, com cinco pétalas: uma vela, duas asas e duas pétalas de barco fundidas, semelhantes a traças, reunidas em **quistos** axilares. Os estames são dez.

Os frutos são feijões, pendentes, com 5-20 cm de comprimento, 1-1,5 cm de largura, rectos ou curvos, achatados ou quase cilíndricos, de cor amarela clara e verde a púrpura escura, com duas a oito (segundo outros, três a sete/sementes).

Sementes com 5-15 mm de comprimento, elípticas, brancas a púrpura-escuro e pretas, unicolores ou em mosaico, mosqueadas, manchadas.

Os feijões têm forma de espada, de sabre, reta, lisa, enrugada (nas variedades de açúcar), clara. A estrutura do feijão distingue-se entre as variedades de feijão com casca e as variedades de feijão para açúcar. Nas variedades com casca, as paredes do feijão têm uma camada de pergaminho. As variedades açucaradas não têm camada de pergaminho e as variedades semi-açucaradas têm uma camada de pergaminho fraca ou de desenvolvimento tardio. As variedades açucaradas são designadas por feijão-espargos. A cor do feijão é amarela ou verde quando imaturo, e predominantemente amarelo-palha quando maduro. As sementes são ovóides (elípticas), ovadas (elípticas), valvadas, em forma de rim, esféricas e outras combinações variadas destas formas. A cor das sementes é diferente. As sementes são pequenas (1000 sementes pesam até 150 g), médias (1000 sementes pesam dc 150 a 450 g) e grandes (1000 sementes pesam 450-750 g).

O feijão comum e o feijão-de-lima são autopolinizadores facultativos. A incidência de polinização cruzada natural no feijão comum aumenta à medida que se aproxima do equador. As opiniões dos autores sobre a propensão do feijão vulgar para a hibridação natural variam muito. Na Suécia, segundo Lamprechts, os casos de polinização cruzada natural são extremamente raros (0-0,3%). Schiemann (Schiemann), para a Alemanha, aceita 12% de casos de polinização cruzada natural.

Para a Geórgia, L.L. Dekaprelevich considera que a hibridação natural é de cerca de 5%. Nas condições da seca de 1935, tivemos de observar o fenómeno da cleistogamia para um certo número de formas de feijão comum ("Hodson") em Krasnodar [35].

A floração da borla do feijão dá-se de baixo para cima. Nas formas arbustivas, a borla terminal floresce mais cedo e as borlas laterais, mesmo que estejam mais abaixo, um pouco mais tarde. No feijão frisado comum das latitudes temperadas, a floração começa nos nós IV-VII e prossegue de baixo para cima no arbusto. Nos feijões de porte alto do Cáucaso e da América Latina, a floração é acropetal: inicia-se no terço superior, menos frequentemente em metade do arbusto, e a partir daí espalha-se nos dois sentidos, para cima e para baixo. Um pincel floresce no feijão comum durante 10-14 dias, no feijão multifloral durante 11 dias; um feijoeiro inteiro floresce durante 20-26 dias, enquanto um feijoeiro encaracolado floresce durante 1-3 meses.

O feijão não tolera solos pesados, frios, argilosos e limosos com lençóis freáticos elevados. A estagnação das águas superficiais durante 2 a 5 dias provoca a morte direta da planta ou a sua forte opressão e, consequentemente, a morte por doenças fúngicas. Nas regiões subtropicais, o feijão desenvolve-se bem em solos argilosos pesados de encostas, em solos aluviais pesados do litoral e em solos vermelhos. Nas regiões setentrionais, o feijão desenvolve-se melhor em solos franco-argilosos. Os solos franco-argilosos, chernozémicos, margosos e calcários são os melhores para a cultura do feijão nos países temperados. Em solos arenosos secos, pedregosos e turfosos, o feijão reduz muito o seu rendimento. O feijão multifloral tolera melhor os solos húmidos do que as outras espécies.

Em relação à salinidade do solo, de acordo com Hendry (1918) para a Califórnia, P.lunatus L. é a espécie mais tolerante ao sal, abaixo dela está o tepary. O feijão comum é o menos tolerante ao sal, mas dá uma grande amplitude de resistência para formas individuais. O ecótipo em forma de ervilha ("Small White") revelou-se a mais resistente das variedades testadas.

Os feijões são culturas que gostam de calor. ^{0}Na fase de germinação, não tolera temperaturas negativas, nem mesmo 1-2 C. É semeado em datas tardias. ^{0}Apenas algumas variedades na fase toleram geadas de primavera de curto prazo até 3 C. ^{0}A 2-3 C as folhas do feijão perdem a cor verde e ficam amarelas. A falta de calor e o tempo húmido e chuvoso durante a floração provocam a queda das flores. Para o seu desenvolvimento, o feijão necessita de temperaturas médias diárias ligeiramente mais elevadas do que as ervilhas e as lentilhas. ^{0}De acordo com V.N.Stepanov (1950), as sementes de feijão germinam a uma temperatura de 10-12°C, e os rebentos aparecem a 12-13°C. Os rebentos de feijão não podem suportar uma diminuição prolongada da temperatura e morrem a -1, -1,5°C (ao nível da planta) [86].

Em solo seco, as sementes de feijão, se não tiverem tido tempo para inchar, podem germinar durante um longo período de tempo e brotar após a chuva ou a irrigação. Se as sementes germinadas estiverem numa camada de solo seco, podem secar e não germinar.

As diferentes espécies e variedades de feijão reagem de forma diferente à duração do dia. Todas as espécies selvagens de feijão são plantas de dia curto, enquanto as espécies cultivadas, como demonstraram numerosos estudos efectuados no nosso país, reagem de forma diferente à duração do dia, dependendo da variedade. De acordo com A.V.Doroshenko, V.I.Razumov, P.I.Kovaleva, A.S.Vasiliev, A.M.Pavlova e outros, podem ser divididos em 4 grupos 1) plantas de dia acentuadamente curto; 2) plantas que reagem em certa medida à duração do dia, mas permanecem dentro da faixa de dia curto a neutro; 3) plantas que reagem fracamente ao dia encurtado, permanecendo dentro da faixa de dia neutro a dia longo; 4) plantas de dia longo [7].

O quarto grupo reúne principalmente variedades hortícolas de feijão comum e variedades de feijão multifloral (variedade Lopata). As variedades deste grupo florescem e frutificam normalmente em condições naturais de dia longo.

O feijão é uma das plantas mais exigentes em termos de luz. As diferentes espécies e variedades de feijão reagem de forma diferente à duração do dia. Tem uma sensibilidade especial à luz numa idade jovem, quando a intensidade da luz é insuficiente para iluminar o rendimento. No período após o início da floração, a procura de luz é reduzida, pelo que, nas zonas meridionais, é aconselhável sombrear ligeiramente as plantas. Vários trabalhos de investigadores russos (P.I.Kovaleva, A.S.Vasilieva e I.M.Vasiliev) defendem a posição de que não há reação à milefólio, uma vez que a sua primeira fase é muito curta e tem lugar numa grande amplitude de flutuações de temperatura. As experiências de P.I.Kovaleva mostraram a especificidade dos ecótipos e das formas às condições de passagem da fase de milefólio: assim, as formas do norte passam melhor a fase de milefólio a 8°C, as formas do sul a 25°C. O feijão necessita de escuridão e de temperaturas mais elevadas para passar a segunda fase, a fase da luz.

O feijão é uma planta de dia curto. No entanto, existem variedades que são neutras e até respondem favoravelmente a um dia longo [48]. No sul, são comuns as variedades quase exclusivamente de dia curto e as variedades parcialmente neutras. No norte, só podem ser cultivadas variedades neutras e de dia longo. Garnery e Allard constataram que o feijão é uma planta típica de dia curto em termos da sua reação ao comprimento do dia. De acordo com P.I. Kovaleva, o feijão pode ser dividido em 3 grupos de acordo com a sua reação fotoperiódica:

1. Grupo de dias curtos, com floração apenas nos dias de 10 e 14 horas. Inclui os feijões asiáticos (P. ca/caratus, *A. aconitifolius}, que* florescem no dia de 14 horas com um atraso de 5 dias em relação ao dia de 10 horas, e as formas de *P. vulgaris* da América do Sul e Central e do México, que florescem no dia de 14 horas com um atraso de 10-20 dias.
2. Grupo com floração em dias de 10, 14, 18 e 24 horas com atraso na floração em relação ao dia de 10 horas em 10-25 dias. Este grupo inclui formas de *P.vulgaris* do sul e da parte central da URSS e, em parte, formas do México, Guatemala, Colômbia e Bolívia.
3. Um grupo de formas que florescem nos dias 10, 14, 18 e 24 horas, com um atraso na floração em relação ao dia de 10 horas de 0-12 dias. Por exemplo, a variedade "Rosovo-pestrya" da Estação Experimental das Estepes (região de Voronezh) floresce nos mesmos termos em qualquer altura do dia. Este é um grupo bastante heterogéneo de formas de *P.vulgaris*, incluindo variedades da URSS, da Europa Central e do México. Inclui também uma variedade de formas de *P. multiflorus,* que atrasa a floração num dia de 24 horas em 0-2-9 dias em relação a um dia de 10 horas e inclui formas de dia fracamente reactivas, neutras e de dia longo.

O feijão comum é uma planta que adora humidade. O inchaço da semente requer 104,5% de água do peso da semente, a humidade do solo deve ser de 60-80% da capacidade de água do campo. O feijão não tolera bem a seca do ar. As flores do feijão e os ovários jovens são os que mais sofrem com a seca do ar, especialmente a seca mal tolerada durante o período de enchimento das sementes. Os rendimentos caem drasticamente em anos de seca. Um forte efeito negativo da seca no rendimento do feijão foi observado na estação experimental de Kuban do VIR, localizada na zona de estepe [7]. Em anos secos, o rendimento do feijão foi em média de 5,6 c/ha, enquanto que em anos com humidade atingiu 17,4 c/ha.

A humidade excessiva tem um efeito prejudicial para o feijão se for acompanhada de uma descida da temperatura do ar. A humidade suficiente e excessiva no outono atrasa a maturação das sementes. As sementes de feijão que amadurecem em condições húmidas e frescas contêm menos proteínas, têm uma respiração mais intensa e perdem a germinação mais rapidamente do que as sementes obtidas em condições outonais relativamente secas [2].

As variedades de feijão arbustivo terminam a floração em 2 a 3 semanas e amadurecem amigavelmente em 30 a 45 dias.

O período de vegetação das variedades comuns de feijão CIS é, em média, de 80-100 dias ou mais, mas como se trata de uma cultura tardia, a sua maturação é muito mais tardia do que a das ervilhas.

Todas as variedades de feijão vulgar são instáveis à irrigação do solo e do ar. Só se obtêm rendimentos satisfatórios em zonas com precipitações anuais de, pelo menos, 450-500 mm, na ausência de secas prolongadas e de ventos secos nas fases de floração, vingamento e enchimento do feijão. Tolera bem a humidade excessiva, mas sem redução da temperatura.

As boas produções de feijão formam-se em solos de terra preta e de terra não preta com coesão média, argilosos, margosos e ricos em solos conhecidos. Os solos pesados, argilosos, frios, siltosos, com elevado nível de água no subsolo, bem como os solos salinos, não são adequados para a cultura do feijão.

1.4. Tecnologia de produção cultura do feijão

Na tecnologia de produção das explorações agrícolas avançadas que obtêm consistentemente elevados rendimentos de feijão, é dada especial atenção a medidas agrotécnicas como a época de sementeira ideal (as condições mais favoráveis para uma elevada germinação no campo são criadas a uma temperatura do solo de 15-200C e 25-30% de humidade do solo absolutamente seco), o controlo de ervas daninhas, a introdução de grandes doses de fertilizantes organo-minerais na lavoura de cereais, uma elevada organização do trabalho durante a colheita.

As variedades de feijão, que são numerosas, podem, em primeiro lugar, ser divididas em variedades de codão, caracterizadas por um caule encaracolado e que, por conseguinte, necessitam de apoio (hortas), e variedades de arbusto, que têm um caule reto e baixo e que, por conseguinte, não necessitam de apoio (feijão de passeio) e que, por esta razão, são de importância primordial na cultura de campo.

O feijão é uma cultura de sementeira em linhas largas, pelo que, na rotação de culturas no campo, é colocado na cunha de culturas em linha. Os melhores antecessores são uma camada de gramíneas perenes, culturas de inverno em pousio limpo, cereais de primavera e culturas de inverno após pousio ocupado, culturas em linha. Os próprios feijões pertencem aos melhores antecessores de todas as culturas de rotação de culturas.

Entre as outras leguminosas para grão, o feijão é muito sensível à aplicação de fertilizantes minerais completos e de estrume. O estrume, numa dose de 12-15 toneladas por 1 ha, aplicado no outono sob os cereais, é o melhor fertilizante para o feijão.

Uma caraterística biológica importante do feijão é a sua elevada necessidade de humidade e calor no solo. A este respeito, a mobilização do solo deve ter como objetivo maximizar a acumulação de humidade no solo e a sua utilização económica.

O primeiro cultivo é efectuado a uma profundidade de 10-12 cm em 7-9 dias após a gradagem, o segundo - à profundidade de incorporação da semente antes da sementeira.

A qualidade dos produtos agrícolas é determinada pela totalidade das condições externas, entre as quais a nutrição do solo ocupa um lugar de destaque. O seu nível é condicionado, para além das reservas disponíveis no solo, por fertilizantes orgânicos e minerais. Mas a qualidade dos produtos agrícolas é também fortemente influenciada por vários métodos agrotécnicos de cultivo de plantas. De grande importância é a determinação da influência da taxa de sementeira (densidade de plantas) nas caraterísticas físicas das sementes. A taxa de sementeira mais eficaz que aumenta o teor de proteínas das sementes deve ser considerada como 120 kg/ha. Dependendo das condições edafoclimáticas, da fertilidade do solo, do objetivo da cultura, da variedade e de outras condições, a densidade do povoamento do feijão não pode ser a mesma. Assim, de acordo com M.S.Savitsky (1956), I.Haenena (1978) [45] e outros autores, ao determinar as taxas de sementeira, é necessário ter em conta - espécie, variedade e variedade de planta, condições climáticas, estado do solo, qualidade da semente, objetivo da cultura, método e período de sementeira, número ótimo de caules, perfilhamento produtivo, peso absoluto das sementes, percentagem de sobrevivência da planta, etc., ao determinar as taxas de sementeira. Alguns autores propõem diretamente taxas de sementeira ponderais. Assim, W.H.Brau (1937), T.A.Kuesselbach, W.E.Luhes (1948), S.S.Salmon, O.R.Matheus e R.W.Lukkel (S.W.Salmon, O.R.Matheur, R.W.Luckel, 1953), O.Fuher e Stauffer (O.Fuher, W.Stauffer, 1978) indicam-no para os cereais dentro de 100 kg/ha [49]. Ao mesmo tempo, existem dados conhecidos (A.A.Kornilov, 1968; F.M.Kuperman, 1969) que indicam que, uma vez que o rendimento é o produto final da fotossíntese, o seu valor deve ser determinado pela superfície de assimilação das plantas (ASP), que, por sua vez, pode depender da área de alimentação em condições naturais e do nível de agrotecnia [42].

O feijão é semeado pelos métodos de fileira larga, de ninho e de ninho quadrado. No método de sementeira em linha larga, a largura do espaçamento entre linhas é fixada em 45-60 cm, no método de ninho quadrado - 60 cm, no método de ninho - 60 X 30 cm (2-3 sementes num ninho). O feijão é semeado em linhas com uma distância entre si de 30-45 cm, a distância entre plantas na linha é de 10-12 cm. A largura do espaçamento entre linhas quando se semeiam variedades encaracoladas é aumentada para 60 cm, e entre plantas na linha deixa-se 7-10 cm [7;98]. O feijão tem vagens de sementes na superfície do solo, pelo que não tolera bem a colocação de sementes em profundidade. Os rebentos de feijão aparecem de forma esporádica. ^{0}Se a sementeira for efectuada a uma temperatura do solo de 6-8 C, à profundidade da semente, os rebentos aparecem no 16-18º dia. Se a sementeira for efectuada a uma temperatura do solo a uma profundidade de 5-6 cm - 15-18 ° C, os rebentos aparecem no dia 7-9. Por conseguinte, o feijão é geralmente semeado relativamente tarde em todas as zonas de cultivo. No sopé do Cáucaso, as datas de sementeira são o final de maio e o início de junho. Na parte nordeste do Azerbaijão, a primeira sementeira é de 1 a 5 de abril e, em Apsheron, a primeira sementeira é a 15 de abril.

Na zona algodoeira, o feijão só é semeado sob irrigação. Nestas condições, as melhores datas de sementeira são as intermédias e as tardias. De acordo com os materiais da Estação Estatal de Reprodução do Azerbaijão, em 1950 foram obtidos bons resultados quando se semeou feijão na segunda década de abril.

As sementes de feijão comum são geralmente semeadas a uma profundidade de 3 - 5 cm, em solo seco e solto um pouco mais profundo - até 7 cm. Em solos pesados, recomenda-se a sementeira a 3-4 cm de profundidade. Conforme estabelecido por D.I.Fursov (1968), com o aumento da profundidade de sementeira de 4 para 12 cm, o período de sementeira-crescimento aumenta em 4 dias na data de sementeira de 28 de maio e em 2 dias na data de sementeira de 29 de junho devido ao início de temperaturas elevadas [90].

A observância das taxas de sementeira do feijão é a regra mais importante da agrotecnia. A redução da taxa de sementeira conduz, em todos os casos, a rendimentos mais baixos.

As taxas de sementeira do feijão nas culturas de campo dependem da zona de cultivo, da espécie de feijão, do grau de maturação da variedade de feijão e do tamanho das sementes. Nas novas zonas de cultivo mais setentrionais e nas zonas montanhosas, bem como na sementeira de restolho, é necessário semear um grande número de sementes (até 400 mil). Reduzir o número de sementes na sementeira em linhas largas (espaçamento entre linhas de 60-70 cm) e na sementeira em áreas irrigadas, bem como na sementeira de variedades fortemente ramificadas de feijão-lima e feijão multifloral. A taxa de sementeira varia consoante o tamanho da semente, de 60 a 350 kg/ha. As espécies de feijão de pequenas sementes são semeadas na quantidade de 12-35 kg/ha.

Esta combinação de sementeira tardia e pequena torna obrigatória a rolagem. No entanto, de acordo com os testes do Prof. Vorobyov em pequenas parcelas (obviamente, cultivo manual), a variedade Tepari deu bons resultados quando semeada a 7 cm. O desenvolvimento a uma maior profundidade foi ainda atrasado [74].

Como o tamanho das sementes é muito variável, as taxas de sementeira variam consideravelmente: as variedades de sementes pequenas são semeadas em quantidades não superiores a 70 kg/ha, enquanto a taxa para as variedades de sementes grandes é aumentada para 100-150 kg.

A lavoura é obrigatória; o espaçamento entre linhas deve ser limitado a 35-40 cm, dado o baixo crescimento caraterístico das variedades arbustivas. A sementeira pode ser efectuada com semeadores de grão, com alimentação de grão superior. As plantas devem estar densamente dispostas nas linhas; nunca se procede ao arranque do feijão. É necessário proceder à sacha e à monda manual repetidas vezes nas linhas.

Verificou-se que a época de sementeira e a densidade de plantação influenciam o rendimento do feijão (Kapur, R., Satija, D.R., Dahiya, B.S., 1987; Popovic, S., Stjepanovic, M., Bosnja D., Zoric, 1988; Kolompikova, Vasyagin, Kireev, 1988; Kalaydjeva, 1989). Verificou-se que, à medida que a densidade de sementeira aumentava, o número de feijões por planta e o peso dos feijões por planta diminuíam, resultando em rendimentos mais baixos. O aumento da largura do espaçamento entre linhas e da densidade de sementeira afecta negativamente um indicador da produtividade da cultura como o número de feijões por planta. [2]O maior número de feijões por planta foi obtido com um espaçamento entre linhas de 14 cm e uma densidade de sementeira de 25 sementes germinadas por m [100;46;44].

Com o aumento da densidade de plantas e da aspersão, as plantas de feijão apresentaram maior altura e maior fixação do primeiro feijão a partir da base. Recomenda-se o cultivo de feijão sob irrigação, método de sementeira em linhas largas, com elevada densidade de plantas. Simultaneamente, foi proposto um trabalho de seleção para uma elevada fixação do primeiro feijão e resistência a doenças fúngicas.

Recomenda-se a sementeira de feijão com espaçamento entre linhas até 25 cm, com densidade de plantas para variedades não determinantes 173 mil plantas/ha, para variedades determinantes - 220 mil plantas/ha.

Os cuidados posteriores com as culturas de feijão consistem no afrouxamento sistemático do solo nos espaços entre fileiras, na monda das ervas daninhas nas fileiras e na fertilização. O primeiro cultivo é geralmente efectuado 10-12 dias após o aparecimento das plântulas, e os subsequentes (2-3 vezes) - dependendo do grau de monda.

Para obter rendimentos elevados, o solo carece, na maioria das vezes, de azoto, fósforo e potássio. No entanto, o aumento da quantidade de fertilizantes nem sempre tem o efeito esperado.

Os trabalhos de cientistas soviéticos (D.I.Pryanishnikov, A.I.Sokolov, M.M.Sazanov, I.V.Krasovskaya, P.A.Vlasiuk, S.P.Kulzhinsky, R.R.Khusainov, etc.) estabeleceram que as leguminosas respondem muito bem à aplicação de várias formas de fertilizantes, incluindo fósforo e potássio. A sua eficácia depende em grande medida das condições do solo, bem como das combinações destes tipos de fertilizantes com outros, das doses e da sua aplicação [58].

D.N. Pryanishnikov, S.P. Kulzhinsky, L.I. Govarov, K.K. Alakseev, E.I. Barulina, V.S. Muratova, K.G. Prozorova, K.A. Pozdnyakov, V.S. Fedotov, R.R. Khusainov, S.S. Ilyin, M.N. Tilman.Prozorova, K.A.Pozdnyakov, V.S.Fedotov, R.R.Khusainov, S.S.Ilyin, M.N.Tilman, Y.N.Rabinovich, V.N.Beketov, I.V.Yakushkin, V.N.Chirkov, M.Ali-Zadeh e outros mostraram que os fertilizantes de fósforo e potássio, aplicados separadamente e em conjunto, têm um efeito positivo no crescimento e desenvolvimento, na formação de raízes de culturas leguminosas e aumentam o seu rendimento [58].

Rega. Todas as variedades de feijão comum são instáveis à seca do solo e do ar. Nas zonas áridas, esta cultura dá baixos rendimentos, mesmo em terrenos irrigados. Só se obtêm rendimentos satisfatórios em zonas com uma precipitação anual de, pelo menos, 450-500 mm, na ausência de secas prolongadas e de ventos secos nas fases de floração, vingamento e enchimento do feijão. No início do crescimento do feijão, a rega excessiva provoca um crescimento excessivo das folhas - em detrimento da floração e da formação dos frutos. A rega das plântulas pode ser interrompida antes do início da floração (exceto durante os períodos secos). As plantas precisam de humidade especialmente durante a abertura da flor e a formação do feijão.

A taxa de rega semanal é de 15-20 litros de água. 8-10 dias após a fecundação dos ovários, formam-se os ovários suculentos e carnudos do tamanho de um grão de trigo. Os feijões verdes das variedades de maturação precoce são colhidos 60-70 dias após a emergência das plântulas (cada 5-6 dias), tentando não danificar as plantas. Os feijões demasiado maduros tornam-se fibrosos.

Os feijões são **colhidos** na queda das folhas, quando cerca de 70-80 % dos feijões estão maduros. As baixas temperaturas atrasam geralmente a maturação das sementes, enquanto o tempo seco e as temperaturas elevadas, bem como as chuvas curtas intercaladas com bom tempo, aceleram a maturação do feijão.

O feijão é colhido quando a maior parte dos grãos está amarela, mas não se deve colher em excesso. Quando se colhem feijões demasiado velhos, perde-se uma parte significativa da colheita devido à fissuração dos feijões. Métodos de colheita das sementes: direta e separada. As sementes são retiradas dos feijões no dia da colheita, secas nos feijões ou nas plantas. Verificou-se que a data óptima de colheita do feijão ocorre quando 80-90% dos feijões apresentam uma cor amarela ou amarelo-esverdeada. Quando a colheita é efectuada mais cedo, o rendimento do feijão diminui devido ao facto de as sementes não serem colhidas antes de estarem cheias e, quando a colheita é efectuada mais tarde, devido ao aumento das perdas. Por conseguinte, ao fixar a data de colheita do feijão, é necessário ter em conta não só a percentagem de feijão amarelo, mas também de feijão verde-amarelado e amarelo-esverdeado.

1.5. Distribuição dos feijões da CEI e da República do Azerbaijão

Atualmente, são conhecidas 17 espécies de feijão cultivadas, incluindo 8 espécies do Velho Mundo e 9 do Novo Mundo, que se encontram em diferentes fases de utilização.

O feijão americano só se tornou conhecido na Europa após a descoberta da América, devido à importação maciça de sementes de países recém-conquistados, primeiro como planta ornamental rara em jardins botânicos. A partir do início do século XVII, tornaram-se culturas hortícolas e, a partir do século XVIII, culturas arvenses.

O feijão entrou na Rússia por várias vias. A mais provável é a importação através de Arkhangelsk na segunda metade do século XVI. No século XVII, o feijão pode ter entrado na Rússia através de embaixadores enviados para Inglaterra.

No tempo de Pedro, o Grande, os jardineiros estrangeiros semeavam feijões como planta ornamental. Até ao século XVIII, o feijão era utilizado na Rússia como planta hortícola e ornamental, e só a partir de meados do século XVIII. O feijão era semeado no campo em áreas muito pequenas nas províncias da faixa da Terra Negra, principalmente no sudoeste.

Os feijões cultivados chegaram à URSS de várias formas: o feijão-mungo chegou às repúblicas da Ásia Central através das relações comerciais com os países da Ásia Ocidental antes da nossa era. O feijão comum foi importado a partir de meados do século XVI e, como planta hortícola, só ganhou alguma importância a partir do tempo de Catarina II; na Geórgia, tornou-se conhecido a partir de meados do século XVII.

No antigo território da URSS, o primeiro estabelecimento da cultura do feijão denominado lobia teve lugar na Geórgia Ocidental. Segundo algumas suposições, o feijão veio da Turquia e, segundo outras, diretamente por mar dos países da bacia mediterrânica. L.L.Dekaprelevich escreveu que os dados sobre a penetração do feijão são escassos e é difícil imaginar quando exatamente e de onde o feijão foi trazido para a Geórgia. No entanto, não há dúvida de que, inicialmente, o feijão chegou à Geórgia Ocidental e a sua cultura deslocou-se gradualmente para o Oriente [32;33]. I.A. Javakhishvili acredita que o feijão penetrou na Geórgia vindo da Turquia na primeira metade do século XVIII, primeiro em Guria e Megrelia, e depois nas regiões orientais da Geórgia [42].

Em condições de produção, no início do século XX, só existiam nas culturas duas espécies de feijão de origem americana: o feijão comum - *Phaseolus vulgaris* L. e o feijão *multifloral - Phaseolus multifloris* L. Em condições experimentais, foram testadas mais duas espécies de feijão de origem americana numa escala muito limitada: o feijão de Lima - Ph. *lunatus* L. e *o feijão* de folha aguda ou *tepário* - Ph. *acutifolius*, var. *latifolius*. As fontes históricas e geográficas indicam a cultura do mosto sob irrigação no território da atual República do Usbequistão nos séculos IX-X d.C.. Muito mais tarde, no século XIX, surgiram dados sobre a antiga cultura do mosto em Khiva.

No Turquestão, no final do século XIX e no primeiro quartel do século XX, o feijão-mungo era uma cultura comum sob irrigação, bem como em parcelas de terras de sequeiro. No Extremo Oriente, o feijão-mungo era cultivado por coreanos e chineses há alguns anos.

Na Geórgia, o feijão-mungo é conhecido há muito tempo, mas nunca teve importância económica. No Azerbaijão, era cultivado em áreas muito limitadas, em explorações agrícolas. No final do século XVIII e no século XIX, o feijão-mungo era conhecido na zona de planície do Daguestão e no Terek [42].

Na parte europeia da URSS, o principal feijão é o feijão comum. O feijão multifloral, sob a forma de uma variedade de sementes brancas "Lopata", é cultivado em pequena escala em alguns locais da região de Voronezh e da Ucrânia. O feijão lima não tem importância económica na URSS, exceto nas repúblicas da Transcaucásia, onde é rentável. O tepari ocupa áreas limitadas no Mar Negro de Azov, no Krai de Orjanikidzevsky e na ASSR dos alemães do Volga. Os feijões asiáticos (feijão-arroz, feijão-mungo) estão a ganhar algum interesse para fins de sideração nas repúblicas transcaucasianas.

Nas repúblicas transcaucasianas, onde o feijão é a única leguminosa cultivada, é cultivado nas planícies e principalmente nas zonas de sopé e de montanha até uma altitude de 1 500 metros. O feijão-caupi, mais raro, é encontrado em culturas puras e o feijão frisado em culturas mistas com cucurbitáceas.

A cultura do feijão na URSS está a expandir-se rapidamente. Para 1935, foi aprovado um plano de sementeira de feijão no valor de 165 mil hectares. Em 1936, a contabilização da sementeira efectiva deu um valor de 187 mil hectares para a URSS. Mais de metade desta área (103,8 mil hectares) pertence à parte da RSS ucraniana.

Para além do feijão, as estatísticas nacionais destacam também a lóbia, que foi semeada na Geórgia em 5,5 mil hectares.

A cultura do feijão é relativamente jovem para a Rússia. Os trabalhos de melhoramento sistemático do feijão hortícola começaram na década de 20 e foram efectuados tanto nos países do atual estrangeiro próximo como na Rússia. Os primeiros trabalhos de melhoramento do feijão foram iniciados em 1934 por A.V.Krylov; os materiais relativos ao feijão foram recebidos da estação experimental de Gribovskaya. Durante 10 anos incompletos obteve resultados significativos: já em 1943 foram lançadas as variedades de feijão vegetal Golden Mountain, Triumph sugar bean, Saksa sem fibra 615. Em 1949, o investigador N. Michelman prosseguiu o tema da criação de novas variedades de feijão e do melhoramento das existentes, do desenvolvimento de esquemas e da época de sementeira do feijão hortícola [42].

Nas regiões meridionais da URSS, foram testadas positivamente novas espécies de feijão que não tinham sido cultivadas anteriormente, por exemplo: feijão de arroz (Ph. calcaratus Roxb.), cultivado para forragem e adubo verde; Ph. semierectus L. e Ph. aconitifolius Jacq. Ph.aconitifolius em Sukhimi justificou-se como uma planta para relvados e para o encharcamento de encostas íngremes. De maior importância prática é o feijão-arroz para sementeira em plantações de chá e tungue, bem como numa série de áreas onde se cultiva tabaco, óleo essencial e outras culturas meridionais. Para além da Geórgia, do Azerbaijão e da RSS do Usbequistão, foram realizadas experiências a longo prazo com diferentes espécies de feijão na Moldávia [42].

Na antiga URSS, o feijão era cultivado no Norte do Cáucaso, nas regiões da Terra Negra Central, na estepe e na zona noroeste da Ucrânia, na margem esquerda da Ucrânia e na Transcaucásia. Em 1930, a área semeada com feijão totalizava 65,3 mil hectares. Durante os anos de guerra, a produção de feijão diminuiu; a área cultivada com esta cultura em 1945 era de 198,6 mil hectares.

Na República da Ucrânia, as maiores áreas de cultivo de feijão concentram-se nos oblastos de Odessa, Dnipropetrovsk, Zakarpattya, Zaporizhzhya e Khmelnitsky.

A superfície cultivada com feijão em relação à sementeira total de leguminosas para grão no conjunto da URSS em 1956 é de 4%, e o papel do feijão nas culturas públicas das explorações colectivas é de apenas 2%. Não há dúvida de que os novos preços de compra fixados em 1958 favorecerão a expansão das culturas de feijão.

Antes da Grande Revolução Socialista de outubro, o feijão era cultivado apenas na parte sul da Rússia.

O desenvolvimento da cultura do feijão no Azerbaijão remonta à segunda metade do século XVIII; aqui o feijão era cultivado numa pequena variedade e tinha apenas valor de consumo como cultura de horta. As formas de distribuição das espécies de feijão asiáticas e americanas no Azerbaijão são apresentadas [42].

Nas novas zonas de cultivo de chá da RSS do Azerbaijão (Lenkoran, Astara), as variedades arbustivas de alto crescimento de feijão-lima são utilizadas com êxito para sombrear as jovens plantas de chá na primavera e na primeira metade do verão. Nas zonas de cultivo de algodão das repúblicas da Ásia Central, do Cazaquistão e do Azerbaijão, para além das suas elevadas qualidades nutricionais, o feijão-mungo é valorizado como um bom precursor do algodão.

N.R.Ivanov (1961), com base no estudo botânico e geográfico das variedades de feijão comum da coleção mundial de VIR-a, estabeleceu 30 ecótipos de acordo com o carácter de crescimento, a duração da vegetação, o grau de ramificação e a biologia da floração. Cinco ecótipos são comuns na CEI: 1) local do norte, 2) floresta-estepe, 3) estepe, 4) caucasiano, 5) cárpato. Os ecótipos caucasianos são encaracolados (em graus variáveis), de maturação média e tardia; caracterizam-se por uma folhagem significativa e por uma maior necessidade de humidade e calor. São frequentemente semeados em culturas mistas com milho. Entre as variedades libertadas deste ecótipo contam-se: Galibiat local, Red Indian local, Ramazanskaya, Chitis quertskha e uma série de variedades locais de Gurzinskaya SSR [42].

Galibiat local (Grande do Norte, Grande do Norte ou Branco importado). É distribuída (desde 1948) na RSS do Azerbaijão, com exceção da ASSR de Nakhchivan. A forma do arbusto é ligeiramente encaracolada. As folhas são verdes, os folíolos são largos e as flores são brancas. Os feijões são achatados, em forma de sabre, com 8-11 cm de comprimento, husky; os feijões imaturos são verdes. Mudas em forma de rim, brancas, peso de 1000 sementes 260-300g. Maturação tardia; período vegetativo 80-120 dias. Afetado por doenças fúngicas e bacterioses.

Piada local (tipo Tsanava). Variedade local da RSS do Azerbaijão. Foi objeto de zonagem (1951) na RSS do Azerbaijão, exceto na ASSR de Nakhichevan. A planta tem forma de arbusto, 25-40 cm de altura, com ramificação média. Folhas fracamente onduladas, verdes; folíolos amplamente ovados, acuminados. As flores são de cor púrpura. Os feijões imaturos são verdes, depois avermelhados; os feijões maduros são castanho-avermelhados claros; rectos, distintos, com 8-10 cm de comprimento. A camada de pergaminho forma-se tardiamente. As sementes têm forma oval, são grandes; cor mosqueada, o fundo principal amarelo-rosa pálido, com manchas vermelhas claras; peso de 1000 sementes 400-450 g. Amadurecem rapidamente e são relativamente resistentes às bacterioses. Os turnos são bem digeridos.

Local da Índia vermelha. Variedade antiga da RSS da Geórgia. É distribuída (1946) na RSS da Geórgia (sem a ASSR da Abcásia e da Adjária e o Oblast Autónomo da Ossétia do Sul) e na RSS do Azerbaijão (sem a ASSR de Nakhichevan).

As variedades de feijão mais importantes são as seguintes 1) para as regiões de Karabakh, a variedade Red Indian local, 2) para as regiões inalteradas e irrigadas da República, a variedade Galibiat, 3) para as regiões temperadas da República, a variedade Yerli Piada.

Atualmente, encontra-se no nosso país uma grande variedade de variedades, formas e ecotipos de feijão (Figura 1.5). Para além do feijão comum, crescem aqui o feijão de Lima e o feijão multifloral, que têm valor alimentar e ornamental.

Figura 1.5: Diversidade de sementes de formas e ecótipos de feijão.

Apesar de todas as suas vantagens, o feijão é uma das culturas menos estudadas no Azerbaijão. Uma das razões da insignificante sementeira de feijão na produção é a falta de variedades que satisfaçam as exigências da agricultura moderna na república. Existe uma grande variedade de formas de feijão, que são uma excelente fonte de material para a criação de novas variedades, mas a sua seleção até há pouco tempo era muito pouco utilizada [6]. É verdade que foram criadas algumas variedades, como AzNIZ-352, Zulal, Sevinj, Isa, etc., mas não o suficiente.

Entre as leguminosas para grão no Azerbaijão, o feijão é a cultura alimentar mais valiosa. Caracteriza-se por um elevado teor de proteínas alimentares de alta qualidade e, ao mesmo tempo, baratas (até 33%), com uma composição de aminoácidos relativamente equilibrada. O aumento da produção de feijão contribuirá, sem dúvida, para melhorar o nível e a qualidade da nutrição proteica da população. No território da República do Azerbaijão, as variedades cultivadas de feijão comum são principalmente ecotipos caucasianos.

O feijão, originalmente uma planta importada pelo Azerbaijão, tem vindo a ocupar um lugar na cozinha (dieta) do país ao longo dos tempos. Ao longo do ano, são preparados vários pratos de feijão, desde petiscos frios a pratos quentes. É de notar também que, devido ao facto de o feijão ser cultivado principalmente em parcelas de herdade, a procura deste produto pela população não é satisfeita pela produção local. A maior parte das vezes, o feijão é trazido do estrangeiro (principalmente feijão importado), o que provoca custos adicionais. Tendo em conta todos estes factores, é necessário expandir as áreas de plantação de feijão para satisfazer a procura interna. Para tal, é necessário o desenvolvimento de variedades férteis e susceptíveis de serem colhidas mecanicamente.

Apesar das condições favoráveis de cultivo, o feijão no Azerbaijão não tem sido muito difundido, especialmente as variedades de direção alimentar. Por isso, decidimos estudar diferentes variedades de feijão com as principais caraterísticas biológicas, morfológicas e de valor económico. A este respeito, é muito relevante realizar um estudo aprofundado da variedade de amostras da coleção VIR, variedades locais e introduzidas, a fim de selecionar o material de origem para a criação de novas variedades de feijão de alto rendimento de tipo intensivo, que satisfaçam os requisitos modernos de produção, com boa qualidade de sementes, resistentes a doenças e adequadas para o cultivo mecanizado.

No atual milénio e com o aquecimento, que também se observa no Azerbaijão. Ao mesmo tempo, as variedades criadas devem ser de maturação precoce e resistir a temperaturas elevadas. Os cientistas calcularam que, até 2050, as alterações climáticas poderão reduzir para metade a quantidade de terra adequada para o cultivo de feijão.

Os criadores de plantas do Centro Internacional de Agricultura Tropical (CiAT) em Cali, Colômbia, estão a tentar encontrar uma solução para este problema. Utilizando dados de bancos genéticos, identificaram cerca de 30 variedades de feijão comum *(Phaseolus vulgaris* L.) que podem tolerar temperaturas elevadas [95].

Para tal, uma equipa de cientistas liderada pelo criador de plantas Stephen Beebe, aparentemente particularmente preocupado com o aumento das temperaturas, estudou mais de 1000 variedades de feijão. Outros investigadores tinham sugerido anteriormente que todas estas variedades eram capazes de resistir à seca e de crescer em solos inférteis. Muitas vezes, os cientistas cruzaram variedades comuns de feijão (feijão preto Premo, feijão vermelho e feijão pinto) com uma espécie relacionada, o feijão pontiagudo ou feijão tepary. O feijão tepário é comum no norte do México e no sudoeste dos Estados Unidos e é a cultura mais popular na agricultura devido à sua vulnerabilidade às infecções do solo e ao pequeno tamanho do feijão, mas sobrevive à seca e às ondas de calor.

⁰Regra geral, o rendimento do feijão começa a diminuir se a temperatura nocturna ultrapassar os 18-19 C. É durante a noite que as flores do feijão se abrem para a polinização, mas o calor excessivo impede este processo. É à noite que as flores do feijão se abrem para a polinização, mas o calor excessivo impede este processo. O calor provoca também um crescimento mais lento das plantas.

⁰Beeb e os seus colegas plantaram amostras de milhares de variedades em duvvvu de regiões muito quentes, cujas temperaturas nocturnas nunca descem abaixo dos 23 graus Celsius; nas planícies ao longo da costa norte da Colômbia e nos campos

de investigação da Universidade de Tolima, a sudoeste de Bogotá.

Os investigadores examinaram então as vagens das sementes para verificar se a polinização tinha sido bem sucedida. Apenas 30 das variedades eram o resultado de um cruzamento entre o feijão comum e o feijão espinhoso. Isto sugere que alguns traços de ADN destas variedades podem ajudar a planta a sobreviver ao calor.

Transferir a rusticidade única do tepary para feijões modificados não é fácil, mas os investigadores parecem ter feito progressos. A viabilidade das seis melhores variedades excedeu 64% (em comparação com 20% das variedades sensíveis ao calor).

A resistência às altas temperaturas é uma caraterística muito importante para as leguminosas cultivadas na América Central e nas Caraíbas. A criação de novas variedades de feijão pode ajudar os agricultores a fazer face à crise alimentar que se prevê em resultado das alterações climáticas. O ensaio em grande escala de novas variedades pode demorar vários anos, mas uma delas (SEN 52, tolerante à seca) é cultivada e comercializada desde 2013 [95].

Atualmente, o problema atual do melhoramento do feijão no Azerbaijão é a criação de variedades de maturação precoce e média, de alto rendimento, com um tipo de crescimento determinante (altura 50-70 cm), variedades com propriedades tecnológicas elevadas (altura do anexo inferior do feijão 15...25 cm). O trabalho de melhoramento do feijão hortícola visa a criação de variedades de arbustos destinados à venda em fresco e à transformação (conservas, congelação) com a expetativa da calibração desejada de frutos e sementes. É dada especial atenção à elevada qualidade do feijão. As propriedades exigidas pelos transformadores e consumidores devem ser combinadas com um complexo de caraterísticas economicamente valiosas, para as quais é importante dispor de uma variedade de material de origem.

A este respeito, o objetivo da nossa investigação era estudar o material de origem, identificar fontes de caraterísticas economicamente valiosas, selecionar pares parentais e obter uma série de recombinantes, cujos parâmetros seriam mais adequados para o modelo de variedades de nova geração.

CAPÍTULO 2

CONDIÇÃO, MATERIAL E METODOLOGIA

A investigação foi efectuada entre 2005 e 2015 na base Apsheron do Instituto de Recursos Genéticos do NAS do Azerbaijão. As experiências foram realizadas na Base Experimental e de Investigação de Apsheron (ANEB), situada na Península de Apsheron. O clima de Apsheron é subtropical seco. O verão é quente e seco, o outono é quente e soalheiro, o inverno é ameno, quase sem neve. A temperatura média anual é de 13,5-14,5°. As geadas são raras no inverno, no verão a temperatura do ar atinge 38-4°, e depois de 2010 a temperatura do ar é elevada 40-45°. A precipitação média anual é insignificante 120-150 mm, a humidade relativa é de 70,6 por cento. Os Verões são quase sempre secos. O solo é franco-arenoso, muito pobre. O clima é fortemente influenciado pelo Mar Cáspio e pelas planícies semidesérticas adjacentes à península. A parcela experimental está situada a uma altitude de 80 m acima do nível do mar.

A temperatura máxima à sombra em julho e agosto atinge por vezes os 44°C. Os meses mais secos são julho e agosto, a precipitação cai sobretudo no período inverno-primavera. Durante o período vegetativo das datas de sementeira do feijão na primavera, as precipitações que aqui caem não asseguram o seu desenvolvimento normal e, por conseguinte, as culturas necessitam de rega artificial pelo menos 4 a 6 vezes.

A investigação abrangeu mais de 130 amostras de colecções de feijões locais, nacionais e introduzidos. Pertencem a 3 espécies: *Phaseolus vulgaris* L. - feijão comum, *Phaseolus coccuneus* L. - feijão-de-fogo ou multifloral, *Phaseolus lunatus* L. - feijão-lima.

As sementes foram semeadas em parcelas de 5X5 m, com um espaçamento entre linhas de 45-60 cm. O estudo do material de colheita para um certo número de caraterísticas morfológicas e de valor económico (contagem de sexos, observações, análises) e a avaliação foram efectuados de acordo com as "Diretrizes metodológicas para o estudo das leguminosas para grão e do feijão". A seleção do material de colheita para análise dos elementos de estrutura do rendimento foi efectuada manualmente, à medida que as variedades amadureciam.

A descrição das variedades e amostras de feijão em função dos caracteres morfológicos foi efectuada em várias fases: no período de germinação, no período de floração, no período descrito pelos seguintes caracteres: tipo e forma do arbusto, coloração do caule e das folhas, forma, pubescência, superfície das folhas, coloração das partes florais, forma, coloração, presença de fibra e de camada de pergaminho na vagem, coloração e forma das sementes, padrão e coloração do padrão das sementes.

A coleção contém variedades de feijão com diferentes tipos de arbusto:

arbustivo, semi-arbustivo, ondulado, encaracolado; forma do arbusto: ereto, espalhado, pedunculado. A cor do caule varia entre o verde claro e o púrpura. As folhas das variedades apresentadas diferem na cor: verde-claro, verde, verde-escuro, na forma da parte superior: retraída, pontiaguda, romba. A cor das flores dos espécimes da coleção é representada pelas seguintes tonalidades: branco, rosa claro, rosa, púrpura. Os feijões dividem-se, segundo a cor, em amarelos, verdes e roxos. A forma da semente é alongada, oval, elíptica, semi-convexa, arredondada. A coloração das sementes apresenta as seguintes cores: branco, creme, cor-de-rosa, bege, vermelho, púrpura. O padrão das sementes é unicolor e bicolor.

Apesar das condições favoráveis de cultivo, o feijão no Azerbaijão não tem sido muito difundido, especialmente as variedades de direção alimentar. Por isso, decidimos estudar as seguintes questões principais em diferentes condições de cultivo de variedades de feijão em Absheron.

1. Caraterísticas biológicas, morfológicas e de valor económico das variedades de feijão estudadas.
2. Influência de diferentes práticas agronómicas no grau de formação de frutos e na estrutura da produção. Neste sentido, foram estudados os métodos de sementeira, as datas de sementeira e a profundidade de colocação das sementes.
3. Seleção das melhores variedades de feijão de orientação alimentar para a introdução da produção da república.

CAPÍTULO 3

3. Caracterização de amostras de feijão quanto a caraterísticas de valor económico

3.1. Caraterísticas morfobiológicas de amostras de grãos de feijão como material de origem para reprodução

3.1.1. Duração do período vegetativo. É de interesse para o melhoramento conhecer a amplitude da variabilidade do período vegetativo em relação a certas variedades e formas. Neste caso, é importante estudar o período vegetativo não só na sua totalidade, mas também em fases individuais de crescimento e desenvolvimento. Sabe-se que dois genótipos com o mesmo período vegetativo podem diferir significativamente na duração dos períodos de interfase. Estas diferenças são importantes para os criadores. No processo de observações fenológicas, as diferenças entre variedades e amostras são estudadas em termos da duração da estação de crescimento, da duração das fenofases individuais, que constituem todo o período de desenvolvimento da planta, da semente à semente. Com base nestas observações sistemáticas, são identificadas as fontes de maturação precoce, são selecionados pares para cruzamento e o material de origem é dividido em grupos de maturação precoce, médio-precoce, médio-tardio, médio-tardio e tardio.

É de notar que a duração do período de sementeira - germinação não depende das caraterísticas varietais do feijão. A duração deste período de interfase depende da profundidade de colocação das sementes. D.I.Fursov (1968), observou que quando as sementes foram semeadas a uma profundidade de 4 cm, este período foi igual a 10 dias, 8 cm-12 dias, 12 cm-14 dias, 16 cm-15 dias [90].

A duração do período vegetativo é determinada tanto pela natureza hereditária do organismo vegetal como pela totalidade das suas condições de crescimento [16;64;37;12;43;65].

Sabe-se que, de todos os factores ambientais, a temperatura do ar e a precipitação têm a maior influência na fenologia [64].

A.A.Abdullaeva (1979) considera a duração da estação de crescimento e o período entre a sementeira e a floração como caraterísticas poligénicas complexas [2].

O período vegetativo determina em grande medida a aptidão de uma variedade para ser cultivada numa determinada zona. Muitas caraterísticas e propriedades económicas e biológicas de uma variedade (resistência à seca, doenças e pragas, qualidade do produto, etc.) e, em última análise, o seu rendimento estão relacionados com a duração da estação de crescimento.

Ao selecionar feijões para maturação precoce, é necessário ter em conta a duração não só de todo o período vegetativo, mas também das fases de interfase: germinação -

floração, germinação - maturidade biológica e, no caso das variedades hortícolas: germinação - floração, germinação - maturidade técnica, germinação - maturidade biológica.

O estudo pormenorizado destes períodos em diferentes variedades, em condições específicas, reveste-se de um certo interesse científico e prático para o melhoramento. A duração do período vegetativo depende das caraterísticas varietais e das condições de crescimento. Condições como a temperatura do solo e do ar, a luz [55;18;28;29] têm a maior influência na variação do período vegetativo.

Distinguem-se três períodos no feijão:

1) Da sementeira à germinação;
2) Da emergência das plântulas à floração;
3) Desde a floração até à maturação das sementes na planta.

De acordo com as nossas observações, a duração da sementeira - germinação, dependendo das condições meteorológicas, varia dentro de limites bastante amplos, de 9 a 24 dias. [00]Assim, para que as plantas de feijão germinem e dêem brotos amigáveis, precisamos da soma de temperaturas médias do solo acima de 12 C, iguais a 166-183 C, e umidade suficiente do solo. É de notar que, nas nossas experiências, a duração do período de sementeira - germinação não dependeu das caraterísticas varietais do feijão. No entanto, a duração deste período de interfase depende da profundidade de colocação das sementes. Assim, quando as sementes são semeadas a uma profundidade de 4 cm, este período é de 10-12 dias, a 10 cm - 12-15 dias [6].

A duração do dia é crucial para o feijão durante o período de germinação e floração. Nas variedades de feijão de dia curto, à medida que nos deslocamos para norte, o período de germinação-floração aumenta, enquanto nas variedades de feijão de dia longo, pelo contrário, diminui. Isto foi demonstrado por A.V. Doroshchenko e V.I. Razumov em culturas experimentais [7;76]. De acordo com N.R.Ivanov em experiências geográficas de VIR (1952-1954), foi observada uma variabilidade significativa da duração do período de interfase entre a germinação e a floração, dependendo do ano e do local de cultivo [42]. .

A duração do período de floração-maturação do feijão depende da floração, da temperatura e da humidade do ar durante esse período.

De acordo com A.I.Rudenko e M.N.Mamedov, o período de vegetação do feijão de diferentes variedades é tanto mais curto quanto mais elevada for a temperatura média do ar durante esse período [81;57].

A duração do período seguinte - da germinação à floração - depende das caraterísticas varietais do feijão; consoante a variedade, a variação da duração deste período é de 2 a 5 dias. Nesta altura, o feijão é menos exigente em termos de humidade e mais resistente à seca, pois todo o seu sistema radicular se desenvolve mais intensamente do que o caule e todo o seu peso igual ou superior ao do caule. Posteriormente, esta relação diminui.

O período de tempo entre a floração e a maturação depende da disponibilidade de calor e humidade. Durante os períodos de chuva, a maturação do feijão é atrasada. A duração da fase de floração à maturação é mais variável do que a da fase de plântula à floração.

Como resultado da nossa investigação, verificou-se que a duração do período vegetativo no seu conjunto e dos períodos de interfase individuais varia consideravelmente em função das datas de sementeira, das condições de cultivo e das caraterísticas biológicas das variedades.

De acordo com as nossas observações fenológicas, o período entre o início da floração e a maturação das sementes nas variedades de maturação precoce vai do início de junho até aos primeiros cinco dias de julho.

As espécies de feijão são muito diversas em termos da duração do período vegetativo: desde a maturação precoce, com um período vegetativo de 70-75 dias, até à maturação tardia, com um período vegetativo de mais de 200 dias. [00]Para as formas de amadurecimento rápido, a soma das temperaturas activas durante o período de vegetação é de 1500°; formas de amadurecimento médio - 1500°-2000; formas de amadurecimento tardio - 2500-3000° e até 4OOO C. As sementes de feijão de diferentes variedades e espécies precisam de temperaturas diferentes para germinar. [0]Por exemplo, o feijão comum requer 8-10 C - a esta temperatura mínima os rebentos aparecem no 20-25° dia após a sementeira. [0]As sementes de cor escura de várias espécies de feijão começam geralmente a germinar a temperaturas 2-3 C mais baixas. [0]A temperatura óptima durante os períodos de brotação e floração do feijão é de 22-28 C [7].

A duração do período vegetativo do feijão comum depende da variedade, das condições climatéricas e da latitude geográfica da zona. Para uma mesma variedade, quanto mais elevada for a temperatura na zona, mais curto será o período vegetativo.

A duração do período vegetativo e dos seus períodos de interfase constituintes na nossa experiência dependeu tanto das caraterísticas varietais como das condições climatéricas. Como resultado da investigação, de acordo com as condições climatéricas, todas as amostras estudadas foram agrupadas em 4 grupos de maturação de acordo com a maturação das sementes: maturação precoce (58-70 dias) - 29 amostras, maturação média (70-80 dias) - 44 amostras, maturação média-tardia (80-90 dias) - 6 amostras, maturação tardia (90-120 dias) - 6 amostras. O período de interfase mais curto entre o brotamento e a floração, em comparação com a variedade padrão, foi observado nas amostras AzePHA-20, 42/1, k-15275, Zulal.

Para aumentar a área cultivada de feijão, são necessárias não só variedades de elevado rendimento, mas também variedades de maturação precoce. Uma estação de crescimento curta resolve muitos problemas: cuidados com geadas precoces e tardias, seca, doenças e danos causados por insectos. A tarefa de obter variedades de maturação precoce (cujo período vegetativo não excede 80 dias) é a mais importante na criação mundial [51].

Nos nossos estudos ao longo dos anos, as fontes de maturação precoce identificadas nesta zona são: Yerli Piada, AzePHA-20, k-15274, t/3, AFGO-22, t/37, AzePHA-14, AFGO-27 (Quadro 3.1).

Caracterização das fontes de maturação precoce do feijão, em média, no período 2008-2014. Quadro 3.1.

Variedades	Duração, dias			
	germinar florescente	início da floração - fim da floração	florescente maturação	época de crescimento
Yerli Piada	32	6	33	65
AzePHA-20	32	6	34	66
к-15274	35	5	36	71
т/3	29	5	39	68
AFGO-22	30	12	33	63
т/37	33	5	37	70
AzePHA-14	26	7	42	68
AFGO-27	32		32	64

A taxa de criação é uma caraterística estável. O coeficiente de variação desta caraterística não excede alguns por cento. No entanto, é um indicador extremamente importante. Um período vegetativo mais curto tem um impacto significativo no rendimento, na qualidade e na expansão da área de cultivo.

Encontrámos amostras de feijão comum com a mesma duração do período vegetativo completo, mas com diferenças significativas na duração dos períodos de interfase. O estudo comparativo de tais amostras mostrou que, com a mesma duração do período vegetativo, as formas com um período curto entre a floração e a maturidade distinguem-se por uma produtividade relativamente elevada. Isto é especialmente importante na seleção de pares parentais para a criação de variedades de feijão comum de maturação precoce e de alto rendimento, "...o período vegetativo é uma secção capital da criação, pois está inseparavelmente ligado a muitas caraterísticas..." (Vavilov, 1965). (Vavilov, 1965). A duração do período vegetativo é uma caraterística quantitativa complexa que depende da variedade, das condições climáticas do seu cultivo, da latitude e altitude, bem como de muitos outros componentes [49;102].

Para os criadores, é importante não só a época de crescimento, mas também a organização dos seus componentes [52].

As formas de obter formas de maturação precoce de alto rendimento são diferentes. Alguns autores defendem que é possível ultrapassar a relação indesejável entre maturidade precoce e diminuição da produtividade aumentando os índices dos caracteres menos variáveis. Estes incluem o peso de 1000 sementes [27;68] e o número de sementes na vagem [89;20]. Outros acreditam que a criação de formas de maturação precoce de alto rendimento só é possível com um aumento equilibrado de todos os elementos de produtividade: o número de nós produtivos, os grãos no pedúnculo, as sementes na vagem e o peso de 1000 sementes [91;22].

Ao selecionar feijões para maturação precoce, é aconselhável utilizar formas do grupo com a menor variabilidade de fases individuais do período de crescimento [4].

Duração e variabilidade do período vegetativo e das fases que o compõem no feijão comum em condições de Apsheron (2010-2014).

Grupos de maturidade	Brotação-floração	Floração-maturação	Brotação-maturação
Maturidade precoce	26-33	33-36	62-69
Meio da maturação	30-36	37-40	67-76
Meio-tarde	31-45	51-53	82-98

Nos nossos estudos, a menor variabilidade do período vegetativo e das suas fases distintas foi observada nas amostras do grupo de maturação precoce e de maturação média. Distribuição das diferentes espécies de feijão por estado de maturação.

Distribuição das variedades e formas de feijão comum, lima e multifloral por estado de maturação nas condições de Apsheron (2010-2012).

Maturidade precoce 58-70	maturação média 71-80	médio-tardio 83-90	maturação tardia 92-120
	Feijão comum		
16	35	3	1
	Semi-alto e encaracolado.		
15	34	13	9
	Feijão-de-lima	-	2
-	Feijão multifloral	-	2
Totais: 130 23,8 %	53,1 %	12,4%	10,7 %

Além disso, foram identificados AzePHA-20, AzePHA-3 e AFGO-27, que são de interesse para o desenvolvimento de variedades de maturação precoce destinadas a uma colheita mecanizada única.

3.1.2. Caraterísticas morfológicas. As amostras estudadas diferem em todo um complexo de caraterísticas. A diversidade foi observada no tamanho, forma e cor das sementes e flores; tamanho, forma e cor dos grãos imaturos; tamanho e forma das folhas.

De acordo com os dados da literatura, as correlações das caraterísticas mostraram que o tamanho das folhas primordiais (comprimento, largura) tem forte relação positiva com o tamanho das folhas verdadeiras, comprimento e peso do feijão na fase de maturação técnica, tamanho e peso de 1000 sementes. A forte correlação positiva do tamanho da folha primordial com a massa de 1000 sementes explica-se pelo facto de se tratar de uma dependência indireta, pois o tamanho do feijão depende da massa de 1000 sementes (tamanho da semente). As correlações que identificámos são interessantes porque nos *permitem acelerar significativamente o processo de melhoramento*. Conhecer a natureza da relação entre as caraterísticas, nomeadamente as plântulas na fase de 2-4 folhas verdadeiras.

Esquematicamente, as dependências seriam as seguintes: folhas primordiais grandes ^folhas médias (largas) grandes"-▶ feijão grande <-> sementes grandes, ou vice-versa:
Folhas primordiais pequenas <-> folhas médias pequenas (estreitas) <-> vagem pequena <-> sementes pequenas.

Foi efectuada uma avaliação complexa da variabilidade fenotípica das variedades para os seguintes caracteres: altura da planta; altura da inserção inferior do feijão; número de nós produtivos; feijões; sementes por planta; número de feijões por um nó produtivo; sementes no feijão; peso da semente por planta e peso de 1000 sementes.

Altura da planta - responsável pelo carácter de crescimento da planta, determinado pelo genótipo da planta, condições de crescimento e desenvolvimento, e também influencia a melhoria da capacidade de colheita do feijão. O comprimento do caule da planta varia de muito curto (20 cm) a muito longo (250 cm). O feijão divide-se em dois tipos de padrão de crescimento: indeterminado (incompleto) e determinante (completo). As variedades estudadas tinham tipo determinante e não determinante, a altura da planta variava de 25 a 180 cm. De acordo com essa caraterística, as amostras foram divididas em três grupos: para determinante com arbusto baixo (menos de 35 cm), médio (35-50 cm) e alto (mais de 55 cm), e para não determinante com arbusto baixo (45-60 cm); médio (60-85 cm) e alto (85-110 cm e mais). De acordo com os resultados da investigação, 26 cultivares de caule curto, 30 de caule médio e 18 de caule longo foram incluídas no grupo de caule curto. As amostras de caule médio são as mais adequadas para criar um modelo ótimo de uma variedade de nova geração. Distribuição de variedades e formas de feijão comum por altura de planta quando cultivado em condições Apsheron (2005-2010).

	de caule curto		caule médio-longo	Caule longo
	20-45 cm;	50-75 cm;	80-120 cm;	18
Feijão comum	42	13	-	-
semi-pendurado	-	15	48	8
Feijão-de-lima	2	-	-	-
Feijão multifloral	-	-	-	2
Totais:130	55,3%	21,5%	36,9%	7,6%

Os nossos estudos mostraram que a altura da planta dos espécimes testados varia de ano para ano e depende principalmente das caraterísticas biológicas do espécime testado e das condições meteorológicas do gad (Figura 1).

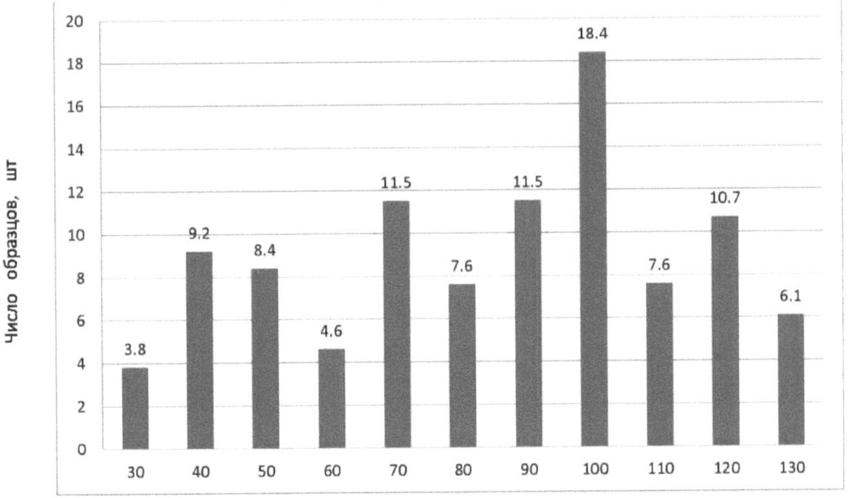

Figura. 1. Distribuição das variedades de feijão do viveiro de recolha por altura de planta.

A altura da inserção inferior do feijão é uma caraterística tecnológica decisiva que reduz as perdas de sementes de feijão durante a colheita direta com colhedora. A capacidade tecnológica, juntamente com caraterísticas tão importantes como a produtividade e a maturidade precoce, é o principal indicador da aptidão de uma variedade para o cultivo e a colheita mecanizados. A processabilidade é uma caraterística complexa que inclui o seguinte: morfotipo da variedade, altura da planta, menor altura de fixação do feijão, não legibilidade das plantas, bem como não rachar o feijão e não germinar a semente. Uma menor fixação leva a uma perda de rendimento na colheita e uma maior fixação leva a uma subcolheita do rendimento biológico [26;71;25]. É condicionada pelo número total de entrenós na planta, a sua distância (especialmente o 4º e o 5º, uma vez que os primeiros nós produtivos são colocados ao seu nível) entre o colo da raiz e o bico do feijão. O valor médio do traço variou de 10,5 cm a 28,5 cm. A baixa fixação foi caracterizada por variedades com um arbusto forte e espalhado, e a alta fixação foi caracterizada por variedades com um arbusto compacto e ereto. De acordo com os parâmetros de aptidão das variedades para a colheita mecanizada, as amostras foram divididas em dois grupos: as que tinham uma fixação inferior baixa do feijão até 15 cm e as que tinham uma fixação elevada acima de 15 cm. Ao estudar a altura da inserção inferior do feijão, A.K. Leshchenko [51] e V.I. Sichkar observaram que este indicador é principalmente determinado por factores ambientais e 33% é determinado pelas caraterísticas genéticas da variedade.

Distribuição das variedades e da forma do feijão comum altura do anexo inferior do feijão

	Baixo apego 10,5-15,0 cm	Alta fixação 15,1- 30,5 cm
arbusto		
	38	17
Meia-haste e meia-haste		
	33	24
Totais: 112	63,4%	31,6%

Vinte e quatro acessos foram caracterizados por uma elevada fixação. Para trabalhos posteriores, *foram selecionadas as fontes de arbusto compacto elevado e de elevada fixação dos feijões inferiores.*

Os traços do feijão são particularmente importantes no melhoramento do feijão, pois constituem os principais indicadores que caracterizam a variedade. Assim, as qualidades externas comercializáveis dos feijões imaturos são determinadas pela polpa, pela ausência de camada de pergaminho nos folíolos e de fibras nas costuras, pela intensidade e uniformidade da cor, pelo brilho, bem como pela sua suavidade e regularidade.

Forma do feijão. As variedades com feijões arredondados são as de maior interesse para a indústria conserveira. Caracterizam-se por uma maturação lenta e por um elevado valor nutritivo.

O comprimento dos feijões é um traço varietal caraterístico que depende, em certa medida, das condições climatéricas e que determina a comercialização e o comportamento em termos de enlatamento, uma vez que os feijões são enlatados inteiros ou em fatias.

Nos nossos estudos, o comprimento dos feijões em toda a coleção variou de 6,1 cm a 18,0 cm. Como resultado do estudo, as amostras foram divididas em variedades com comprimento curto (6,1 - 10,0 cm) - 38 amostras, médio (10,1 - 14,0 cm) - 30 amostras e longo (mais de 14,1 cm) - 4 amostras.

Distribuição das variedades e formas de feijão comum por comprimento de feijão

Curto 7,6cm-10,0cm	média 10,1-14,0 cm	longo 14,1-18,0 cm.
arbusto		
18	37	2
Meia-haste e meia-haste		
20	36	2
Totais: 115		
33,1%	63,5%	3,4%

A capacidade de fissuração do feijão é uma caraterística importante para o cultivo mecanizado e a colheita de variedades de feijão.

3.2.1. Produtividade e elementos da sua estrutura

Uma das tarefas mais importantes da agricultura da nossa república continua a ser o aumento da produção de cereais. A solução deste problema dependerá em grande parte do sucesso do trabalho dos criadores na criação de variedades de alto rendimento.

O melhoramento moderno deve ter mobilidade na resolução de problemas práticos, para os quais é necessário dispor de uma variedade de material de origem, que pode ser uma fonte tanto de caraterísticas individuais como das suas várias combinações. Está provado que a análise da estrutura do rendimento pelos seus elementos constituintes permite determinar a importância principal dos elementos individuais na formação do nível de grãos em determinadas zonas e em condições de diferentes origens. S. Boroevich (1984) refere o número de plantas por unidade de área, o número de grãos por planta e a massa de 1000 grãos como os principais componentes do rendimento de grãos [12]. O rendimento de grãos é geralmente assegurado pela manutenção do equilíbrio entre os componentes, com a condição de que quando o valor de um componente aumenta, o valor de outro componente diminui e vice-versa. O rendimento máximo é a realização do equilíbrio mais favorável entre todos os seus componentes.

A produtividade de sementes é constituída pelos seguintes elementos: número de nós produtivos ou férteis, número de flores (vagens) no pedúnculo, número de sementes na vagem, peso de 1000 sementes. O rendimento das sementes, para além dos elementos de produtividade, inclui o número de plantas por unidade de superfície no momento da colheita.

A produtividade vegetal por massa verde depende do comprimento do caule principal, da rugosidade das partes vegetativas, da produtividade agroecológica condicionada das sementes geneticamente investigadas com uma ou outra completude.

De acordo com V.S.Fedotov (1960), os elementos da estrutura da produtividade de sementes podem ser organizados na seguinte ordem, de acordo com o grau do coeficiente de variabilidade: 1) cumprimento do feijão (número de sementes num feijão); 2) tamanho da semente; 3) número de feijões na planta frutífera; 4) número de nós férteis por 1 planta; 5) número de feijões por 1 planta; 6) número de sementes por 1 planta; 7) peso da semente por 1 planta [89].

A produtividade das sementes é determinada pelo peso das sementes por planta, pelo que este indicador é a caraterística mais importante em termos de valor económico. De acordo com N. Korsakov, o número de grãos numa planta é também um indicador relativo na caraterização da sua produtividade e é aplicado em amostras com o mesmo tamanho de semente, uma vez que a massa de 1000 sementes e o número de sementes num feijão têm uma ampla gama de variação.

De acordo com L.L. Dekaprelevich [34] (1965), o rendimento das sementes de feijão varia consoante o solo e as zonas climáticas de cultivo. Nas regiões centrais do território europeu da URSS, o rendimento das sementes de feijão varia entre 10,0 e 14,6 c/ha. Na zona central de Chernozem, o rendimento varia entre 9,2 e 17,7 c.c. por hectare. No Cáucaso do Norte, o rendimento das sementes de feijão situa-se entre 10,6 e 18,5 c.c. por hectare. Nas regiões de estepes florestais da Ucrânia, o rendimento do feijão varia entre 8,8 e 17,9 c/cha.

A produtividade das variedades de feijão é uma caraterística complexa. É determinada pelo número de feijões por planta, pelo número de sementes de um feijão e pelo peso de 1000 sementes, bem como pelo peso dos feijões por planta, que depende dos seus componentes: o número de feijões no estado de maturação técnica e o peso de um feijão.

O número de feijões por planta é uma caraterística variável e depende das caraterísticas varietais e das condições climatéricas durante o período de crescimento. Neste caso, deve ser substituído que o número de feijões por 1 planta depende de dois componentes - o número de nós de frutificação e o número de feijões por nó fértil; o número de sementes por 1 planta é derivado do número de feijões no pedúnculo e do número de sementes na vagem; o peso das sementes por planta é determinado pelo número de nós férteis, o número de feijões por nó fértil e o peso de 1000 sementes. No nosso experimento, o número de grãos por planta por ano nas amostras estudadas variou de 2008 a 2015 de 5,2 a 39,4 unidades. De acordo com o resultado da análise de variância, foram identificadas variedades com elevado (mais de - 21,5) - 11 amostras, médio (11,5 - 21,5) - 18 amostras e baixo (menos de - 11,5) número de feijões - 10 amostras.

	Baixa 5,2-10,1	Média 11,5-20,1 cm.	Elevado 21,1-39,4
	arbusto		
	25	24	8
		semi-pendurado	
		3520	3
Totais: 115	52,2%	38,3%	9,5%

Foram identificadas *fontes de feijões com elevado teor de zinco* - AzePHA-27; AzePHA-21; AzePHA-25; AzePHA-34; T/27 - para posterior trabalho de seleção.

De acordo com muitos investigadores, estas duas caraterísticas estão altamente correlacionadas e são componentes muito importantes que determinam o nível de rendimento por unidade de área [12].

O peso da semente por planta caracteriza a produtividade de sementes do feijão, que é especialmente importante na produção de sementes desta cultura. A produtividade de sementes é determinada pelo peso das sementes de uma planta, pelo que esta caraterística é a mais importante em termos de valor económico. Esta caraterística caracteriza-se por um elevado grau de variabilidade e é condicionada pelas particularidades varietais e pelas condições climatéricas. Segundo a maioria dos autores, a produtividade das plantas depende da presença de factores favoráveis no período "germinação - floração", da área de alimentação, do peso de 1000 sementes, do número de sementes numa vagem, da altura da planta e da obliquidade. O peso da semente por planta é uma caraterística complexa, que depende do clima e das condições agro-ecológicas. Verificou-se que o papel dos factores externos na formação desta caraterística é de 71-78%, contra 19-27% das caraterísticas varietais.

Os dados do processamento matemático mostram que o peso da semente por planta tem uma relação positiva estreita para todos os grupos de maturação apenas com o número de grãos na planta.

O número de sementes por planta é uma caraterística variável e é determinado pelas caraterísticas varietais e pelas condições climatéricas durante a estação de crescimento. O início da aplicação alargada do conceito de produtividade de sementes de plantas foi estabelecido pela investigação de T.A.Rabotnov (1945) [75], na qual foi dada muita atenção à metodologia de determinação da fertilidade das plantas, foi introduzido o conceito de produtividade média de sementes, ou seja, o número médio de sementes por indivíduo, que pode servir como um indicador da produtividade de um indivíduo. De acordo com a investigação de N.M.Verbishchky, na região de Rostov, em média, o menor coeficiente de variação nas amostras de coleção de ervilhas é caraterístico do tamanho das sementes, seguido dos seguintes traços pelo grau de aumento deste indicador: cumprimento, ou o número de sementes numa vagem, o número de nós férteis, o número de feijões e sementes por 1 planta. Na nossa experiência, o número de sementes por planta variou de 14 a 150 unidades. Cinco acessos com um *número relativamente elevado e estável de sementes por planta foram* identificados para trabalhos futuros: *-/6',* k-34; k-15274; T/27; Yerli Piada. O T/27 apresentou o número relativamente mais elevado de sementes por planta, com 150 sementes por planta. Distribuição das variedades e formas de feijão comum por número de sementes por planta

	baixo 12-25 peças.	média 26-39 pc.	elevado 40-66 peças.
arbusto			
	22	30	3
semi-pendurado			
	27	33	-
Totais: 115	42,6%	54,8%	2,6%

As caraterísticas do número de sementes na vagem dependem da variedade e, em grande medida, das condições climatéricas. De acordo com os dados da literatura, o número de sementes na vagem pertence a caraterísticas fraca ou moderadamente variáveis. De acordo com V.S.Fedetov, o enchimento das vagens é o elemento mais estável da estrutura do rendimento. Podemos concordar com esta afirmação apenas com uma grande reserva. As variedades pertencentes a diferentes grupos agroecológicos diferem significativamente no número de sementes na vagem. Ao selecionar o material de origem para a seleção, é necessário prestar atenção não só ao cumprimento médio do feijão por 1 planta, mas também ao número máximo de sementes no feijão. Esta caraterística é hereditária e depende do número de gemas colocadas no ovário das sementes, bem como da capacidade da variedade para concretizar esta possibilidade. É um indicador do número potencial de sementes produzidas nas condições de desenvolvimento mais favoráveis. Na determinação da produtividade das sementes, os elementos caracterizados pelo maior número de indicadores do coeficiente de variação, por exemplo, o número de nós férteis por planta, podem desempenhar um papel de tampão. De acordo com V.V. Khangildin, o amortecimento é efectuado através da alteração do número de sementes numa vagem e do número de nós férteis [91].

Nos nossos estudos, este indicador variou de 3 a 8 peças, em média, na coleção. As amostras t/15; t/7; k-14360; AzePHA-41; Yerli-2; Zulal apresentaram um elevado número de sementes (6-8). A origem do elevado número de sementes na vagem - t/15 - foi identificada.

O **peso de 1000 sementes** é uma caraterística económica importante, sujeita a variabilidade e determinada por caraterísticas varietais e condições climáticas. De acordo com A.I. Nosatovsky [64] (1956), as temperaturas elevadas durante o período de enchimento do grão levam a uma diminuição do peso de 1000 grãos. O tempo chuvoso e húmido chuvoso e húmido também leva a uma diminuição do peso de 1000 grãos. O peso de 1000 sementes, em média, na coleção, variou entre 170 e 624 g. O enchimento e a aspereza do grão são geralmente caracterizados pelo peso de 1000 sementes. Um investigador acredita que esta caraterística influencia fortemente o rendimento do grão [54;50].

Distribuição de cultivares e bolores de feijão por valor de peso de 1000 grãos (2010-2014).

Estudou	Número de amostras por peso de 1000 grãos		
Sortido	superficial	média	grande
	169-200 г	205-400 г	408-624 г

Feijão comum:			
arbusto	9	39	6
Meia-haste e meia-haste	7	48	17
Feijão-de-lima		2	
Feijão multifloral			2(91.5g).
Totais: 130	12,3(%)	68,5%	19,2%

Entre os espécimes arbustivos, um maior número tem sementes médias, enquanto os espécimes semi-arbustivos e tufados têm sementes médias e grandes. Foram identificados exemplares com sementes muito pequenas - 4 exemplares, sementes médias (205-400 g) - 46 exemplares e sementes grandes - 20 exemplares. Foram identificadas *as fontes de sementes brancas muito pequenas* - T/27 (117,0 g), a *fonte de sementes grandes coloridas* - AzePHA-3 (624 g) e *sementes de ArupnA AZIIPH* AzePHA-29 (540,0 g).

Os nossos estudos mostraram que o peso de 1000 sementes das amostras testadas varia consoante o ano e depende principalmente das caraterísticas biológicas da amostra testada e das condições meteorológicas do ano.

A maioria das amostras estudadas tinha sementes pequenas e médias (169-400 g). Foi observada uma variação significativa do peso de 1000 sementes por ano (Figura 2). Verificou-se uma grande variabilidade no tamanho das sementes, especialmente nas formas com sementes grandes, o que causa instabilidade nos rendimentos destas variedades em condições de humidade instáveis.

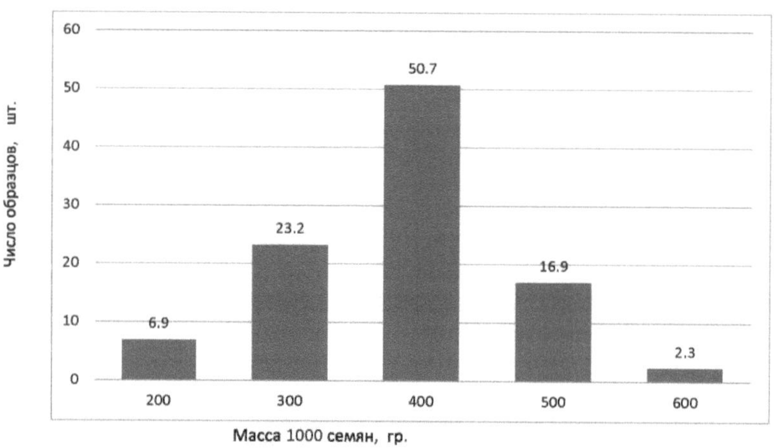

Figura 2: Distribuição das amostras de recolha de sementes de feijão (2010-2014).

Assim, entre as 130 variedades e linhas de feijão testadas, destaca-se um número de acessos com um peso elevado de 1000 sementes, o que permite a sua inclusão na coleção de feijão de trabalho.

3.2.2. Correlações dos elementos de produtividade. Na prática da reprodução, é necessário ter em conta as dependências das correlações, porque a seleção de um dos caracteres conduz geralmente, direta ou indiretamente, a alterações noutros caracteres. As correlações de caraterísticas diferiram tanto em magnitude como na natureza da relação. O nível de manifestação das correlações foi variável e dependeu do ano de estudo. Resumindo os dados da análise de correlação, foram reveladas as seguintes regularidades:

- Existem relações altamente positivas entre os caracteres que determinam a produtividade do feijão na maturação biológica: número de sementes e número de grãos na planta (r= 0,72), número de sementes e peso de sementes na planta (r= 0,61), número de sementes por planta e número de sementes no feijão (r=74), peso de sementes e grãos na planta (r=61), peso de sementes e grãos um nó produtivo (r=51).

3.3. Efeito do ano e do local na produtividade das sementes, seleção de amostras com elevado potencial de produtividade.

Nos anos 30 do século XX, Engledow (pit. Por Vavilov, 1966) tentou dar à área de sementeira, o resultado final de todos os processos bio-físico-químicos que ocorrem ao longo da vida da planta em interação com as condições externas.

N.I. Vavilov (1966) atribuiu a produtividade a caraterísticas ecológicas (condições climáticas, edáficas e sazonais do ano) [14].

É sabido que a produtividade de uma variedade ou linha é determinada pelo seu rendimento obtido em diferentes condições climáticas e agronómicas na maioria dos locais geográficos.

Uma das direcções mais importantes no melhoramento do feijão é o desenvolvimento de variedades com produtividade elevada e estável. A análise dos dados mostra que, para obter um rendimento estável, deve ser desenvolvido um sistema de variedades para cada região, diferindo em termos de caraterísticas morfológicas, maturidade e objetivo de utilização [19;39;87].

Em relação à produtividade, muitos investigadores constatam que esta caraterística é a mais variável [20;63;31]. Alguns autores consideram que o elemento menos variável da estrutura da produtividade é a massa de 1000 sementes [21]. Outros colocam o número de sementes na vagem em primeiro lugar em termos de estabilidade ecológica [79].

O rendimento é determinado tanto pelas caraterísticas biológicas da amostra testada como pelas condições meteorológicas do seu cultivo. Depende principalmente dos nós produtivos, do número de sementes por planta, do peso das sementes por planta, do peso de 1000 sementes e, por fim, do grau de danos causados por doenças na amostra testada.

A nossa investigação mostrou as diferenças varietais bastante grandes na produtividade do conjunto de variedades e formas de feijão comum estudadas, bem como a sua elevada variabilidade por anos de estudo nas condições de Apsheron. A amplitude da variabilidade entre elas por anos do ensaio e em média por 5 anos é a seguinte 2010 г. -31-350; 2011 - 60-500; 2012. - 80-320; 2013 г. - 93-600; 2014 г. - 110-430; 2015 г. - 50-600.

A maior influência no rendimento foi o número de sementes na planta. Nem todos os componentes do rendimento estão diretamente relacionados com o peso das sementes. Não há efeito direto do número de sementes de feijão no rendimento, mas devido ao efeito indireto significativo através do número de sementes da planta, a correlação global com o peso das sementes da planta é bastante significativa.

Distribuição das variedades e formas de feijão comum por rendimento de grãos nas condições de Apsheron (2008-2012).

	Distribuição das amostras por classes de produtividade fenotípica						
	até 100;	101-200;	201-300;	301-400;	401-500;	501-600;	601-700
2008	68	35	8	2	1	1	-
2009	59	37	15	3	1	-	-
2010	55	32	18	9	1	-	-
2011	22	36	32	16	5	2	2
2012	38	47	16	9	4	1	-
Totais: 115	42,1%	32,5%	15,5%	6,8%	2,1%	0,7%	0,3%

Mais de 20 acessos excederam a variedade padrão Yerli Piada em termos de rendimento médio, alguns dos quais são apresentados no quadro 3.2. 3.2. As melhores variedades e linhas.

Tabela 3.3.

Caracterização das fontes de elevada produção de sementes de feijão, em média no período 2008-2013.

		Número, peças.		peso, g

Variedades	nós produtivos na planta	de feijão da planta	feijões um nó produtivo	sementes da planta	sementes num feijão	sementes da planta	1000 sementes
к-13031	8	12	3	19	3	6,7	353
к-14534	12	16	4	36	4	10,5	294
к-15274	12	18	3	36	5	10,5	239
к-15275	14	6	2	11	3	3,6	334
т/15	6	16	3	32	6	11,67	371
т/16	6	14	3	14	3	7,18	513
т/17	8	16	4	36	5	19	528
т/18	6	18	4	34	4	18,19	535
AzePHA-7.5	8	9	3	22	3	8,93	406
AzePHA-20	12	10	3	35	5	16,55	415
AzePHA-14	8	9	2	28	4	11,11	397
azegri/34	8	11	3	28	4	9,43	337
Galibiyat	6	12	3	34	5	12,54	369
AzePHA-24	8	11	3	22	3	9,98	454
AzePHA-23	7	17	3	65	6	32,76	504
T/27	10	30	5	150	7	25,65	171
т/37	7	7	3	14	3	9,33	450
Yerli Piyada	6	15	3	40	3	13,44	336
AzePHA-3	7	24	3	24	4	14,97	624
AzePHA-29	8	18	4	29	4	15,28	524

Um dos principais elementos que caracterizam o valor económico de uma variedade é o seu rendimento, que depende do número de plantas frutíferas por unidade de superfície e do peso das sementes por planta (produtividade). Nas nossas experiências, a maior parte das variedades estudadas teve uma taxa de sobrevivência das plantas bastante elevada durante o período vegetativo (2008 - 2013). O rendimento das sementes depende principalmente da produtividade das plantas. Esta última é determinada por vários dos seus componentes - o número de nós produtivos, as sementes no feijão ou no enchimento do feijão e o peso de 1000 sementes (grossura).

A Fig.H. mostra a interação entre a forma, a variedade e o ano (2010-2012) nas 8 linhas de feijão mais produtivas isoladas em condições de Absheron. De todas as variedades e formas testadas em condições de Apsheron, estas 8 linhas são as mais valiosas. A estabilidade relativamente elevada destaca-se especialmente em 3 das linhas HHX-AFGO-27, t/37, AzePHA-20.

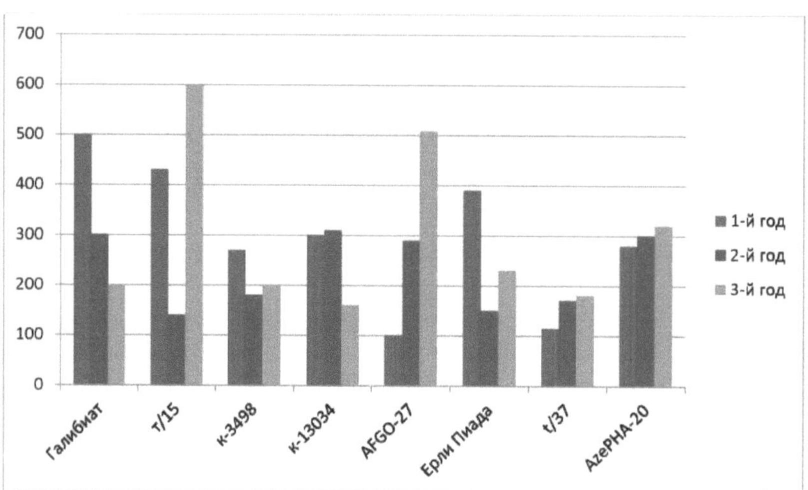

Figura 3: Efeito das condições anuais na variabilidade do rendimento de grãos das linhas de feijão selecionadas

3.4. Tolerância do material de origem à seca e ao sal .

Direcções actuais das sementes, incluindo a alta qualidade do feijão em variedades de uso hortícola. Uma das direcções importantes do trabalho de melhoramento é a criação de variedades resistentes à seca. No melhoramento para a tolerância à seca, é necessário ter em conta os tipos de seca e o momento em que esta é mais prejudicial [40;24].

De acordo com o grau de tolerância à seca, os feijões apresentam diferenças acentuadas e, pelas suas caraterísticas morfológicas, anatómicas e biológicas, podem ser agrupados em 3 grupos de formas: xerófilas, higrófilas e intermédias.

Os feijões ocupam o quarto lugar entre as leguminosas para grão, depois das lentilhas, chinenes e grão-de-bico, em termos de resistência à seca. De acordo com os dados de P.F.Lvova para a estepe Kamennaya da região de Voronezh, a altura da transpiração não está relacionada com o grau de xerofilia das formas: o fraco grau de abertura dos estomas é caraterístico de todos os ecotipos de feijão comum. O feijão sofre de seca mais fraca na fase de germinação; o período crítico para ele é a fase de enchimento do grão.

De acordo com G.M.Psarev, para Armavir, a resistência do feijão comum (variedade "Robust") e do tepary diminui com o desenvolvimento da planta: assim, no período antes da floração as plantas suportam 10-17 dias de seca, no período de floração 5 dias de seca já são fatais para elas [35].

N.I. Vavilov (1966) sublinhou que a tolerância à seca não pode ser um traço específico caracterizado pela constância em todas as condições [14]. Os factores determinantes da reação das plantas ao défice de humidade são a fase de desenvolvimento e as condições de crescimento anteriores [82;31].

A tolerância relativa à seca das variedades de maturação precoce é frequentemente referida na literatura [89;92;40].

Em condições climáticas emergentes, com o desvio do clima para o aquecimento e o aumento da recorrência de variedades tolerantes à seca [3;83;41].

A tolerância à seca é uma caraterística complexa associada a uma série de caraterísticas fisiológicas.

O rendimento das plantas cultivadas é largamente determinado pela sua adaptabilidade às condições ambientais abióticas e bióticas. Aumentar a adaptabilidade das variedades cultivadas a condições de crescimento específicas é a tarefa mais importante do melhoramento. No melhoramento para a adaptabilidade, é suposto identificar os principais factores limitantes do ambiente, que se manifestam regularmente numa determinada zona de crescimento durante 4-5 anos.

Na República do Azerbaijão, os anos 2010-2015 são secos, e as secas do solo são acompanhadas por altas temperaturas do ar. Durante os anos da nossa investigação, observou-se uma baixa precipitação num contexto de temperaturas elevadas. O ano de 2014-2015 foi especialmente seco, o que nos permitiu avaliar o material de origem em condições climatéricas específicas de Apsheron.

Sabe-se que as condições ambientais desfavoráveis, incluindo a seca e a salinidade, reduzem significativamente todos os indicadores da estrutura do rendimento. Por conseguinte, a obtenção de rendimentos estáveis está associada ao aumento da resistência dos organismos vegetais. A seca e a salinidade são factores ambientais desfavoráveis que ocorrem frequentemente em algumas regiões do Azerbaijão. Simultaneamente, nalgumas regiões ocorrem factores abióticos que afectam o rendimento das culturas, como a baixa temperatura durante o período de germinação, bem como a seca e a alta temperatura durante a floração e a formação do bobo.

A fim de estudar e identificar fontes genéticas de elevada resistência ao stress, foi avaliada a reação de amostras de feijão à ação do stress através de parâmetros fisiológicos. Os dados experimentais mostram que as amostras mais resistentes à seca foram AzePHA-20, AzePHA-14, azrgri/68, AFGO-27. O grau de depressão da clorofila nestas amostras está completamente ausente. As amostras t/6, azegri/68, k-3498, AzePHA-14 são identificadas como genótipos tolerantes ao sal, em que as alterações na quantidade de clorofila sob stress salino variam entre 112,4 e 146,1%. O condicionamento genético, herdado pelo nível de resistência das plantas, é a capacidade potencial das variedades ou formas de se adaptarem a condições ambientais extremas.

A produção agrícola necessita de variedades de feijão adaptáveis, capazes de formar uma cultura em quaisquer condições, preservando a atratividade económica do cultivo da cultura. É necessário procurar novas variedades de feijão resistentes à seca para as condições da República do Azerbaijão.

As mais resistentes às condições de seca, tendo em conta a análise de regressão do rendimento em anos secos, foram as seguintes amostras: Yerli Piada, Galibiat, AzePHA-20, t/6.

3.5. Composição química do feijão.

Composição química, propriedades nutricionais e medicinais. Atualmente, as proteínas e a sua carência constituem um problema de importância nacional. As proteínas são o componente mais importante da alimentação humana. A sua carência provoca perturbações fisiológicas e funcionais do organismo: atraso no crescimento e no desenvolvimento, fadiga física rápida e, sobretudo, mental. Por conseguinte, o nível de bem-estar das pessoas num país é determinado pela quantidade de proteínas consumidas per capita por dia. De acordo com a FAO, a norma do seu consumo é 12% do conteúdo calórico total da dieta humana diária, ou seja, 90-100 g, incluindo 60-70% de proteínas de origem animal. No entanto, a deficiência de proteínas pode ser coberta por proteínas vegetais à custa de leguminosas.

Atualmente, a baixa produção de alimentos ricos em proteínas de origem animal e o seu elevado custo motivam o aumento da área cultivada com leguminosas [67]. A cultura alimentar mais valiosa deste grupo de plantas é o feijão [94]. O principal fornecedor de proteínas vegetais - se considerado à escala global - é o feijão. Cerca de uma dúzia de feijões tem sido cultivada desde tempos antigos. A idade dos restos de sementes de feijão cultivadas encontradas durante escavações no México é estimada em V milénio a.C. Na época de Colombo, os índios cultivavam nada menos que 30 géneros, um feijão comum. Alimentação O feijão é um alimento básico e uma fonte essencial de proteínas para centenas de milhões de pessoas, principalmente na América Latina e em África. O feijão contém até 25% de proteínas, o que é superior em valor nutricional a muitas carnes. Para além disso, a proteína do feijão é 70-80% digerível. $_{21Y}$O feijão contém potássio, cálcio, enxofre, magnésio, fósforo, ferro, vitaminas Bi, B _ B.< B C, E, K e PP, bem como aminoácidos essenciais. As sementes são ricas em leguminosas e amido, o valor das sementes de feijão é determinado pelo elevado teor de proteínas e pela sua boa digestibilidade pelo corpo humano. O coeficiente de digestibilidade das proteínas é de 86, superior ao das ervilhas e lentilhas. O teor mínimo de proteínas (15%) foi encontrado nas sementes de feijão de folha afiada (tepary), o máximo (33%) - no feijão comum nas condições de cultivo em solos férteis do sopé do Cáucaso.

O valor das leguminosas de grão é determinado principalmente pelo elevado teor de proteínas altamente digeríveis nos turnos e noutros órgãos. As proteínas das leguminosas incluem todos os aminoácidos necessários à nutrição - lisina, triptofano, metionina, valina e outros. O elevado valor nutritivo das leguminosas deve-se também à presença de um número significativo de aminoácidos livres, que não fazem parte das proteínas e que, por isso, são facilmente digeridos pelo organismo. Estes aminoácidos, incluindo todos os aminoácidos essenciais, constituem, em média, 4-5% do peso do grão.

O grupo de hidratos de carbono nos órgãos vegetativos e generativos do feijão é representado pelo amido, açúcares - sacarose, glucose e açúcares redutores. O polissacárido estaquiose está contido apenas em sementes semi-maduras, atingindo até 2% na altura da maturidade e sendo rapidamente consumido durante a germinação das sementes, pelo que não pode ser detectado na planta em germinação. O teor de sacarose e glucose também aumenta à medida que a semente amadurece, atingindo 3-4% para a primeira e 5-7% para a segunda em sementes maduras.

Em especial, as leguminosas como o grão-de-bico, o feijão e as lentilhas são géneros alimentícios reconhecidos no Azerbaijão. Numerosos pratos nacionais são preparados a partir das sementes destas culturas. Servem como matéria-prima valiosa para melhorar a qualidade e o sabor dos produtos de panificação nacionais. O feijão é uma cultura alimentar valiosa. As suas sementes são utilizadas para preparar sopas, patés, molhos, pilafs e muitos tipos de snacks frios. Um produto saboroso e nutritivo é o feijão verde ultracongelado, colhido na fase de maturação láctea dos grãos. Contém proteínas completas, açúcar, sais minerais, vitaminas A, Bi e C.

No entanto, estas valiosas culturas alimentares ocupam áreas insignificantes, embora existam grandes oportunidades para a sua expansão. Por exemplo, na República do Azerbaijão, a área cultivada com feijão é de apenas 2,8 mil hectares.

N.N.Ivanov (1927) e, mais tarde, Vogau (1931) e M.M.Kurgatnikov (1939) observaram que a maioria das leguminosas para grão, incluindo o feijão, se caracteriza por uma relativa estabilidade da composição química das sementes, em particular do seu teor de proteínas. N.N. Ivanov explicou esta caraterística pelo facto de a simbiose com bactérias nodulares proporcionar condições favoráveis para a nutrição azotada das plantas e causar a sua menor dependência do teor de azoto mineral no solo [23]. Dados experimentais confirmam que, com a ajuda de agrotecnia melhorada (aumentando especialmente as doses de azoto), é possível aumentar a proteína no grão em 1-5%. Com o cultivo de feijão sob tecnologias intensivas, juntamente com o aumento do rendimento, a qualidade das sementes é também melhorada. No entanto, o seu teor em sete feijões é uma caraterística hereditária. A correlação negativa entre o nível de rendimento e o teor de proteínas no grão também é bem conhecida. No entanto, de acordo com Z. Barabash (1983), do ponto de vista prático, o teor de proteínas no grão não é um indicador suficiente, sendo mais importante o indicador do rendimento de proteínas ou lisina por unidade de área. Este indicador pode ser suficientemente elevado no caso de um rendimento elevado de grãos por unidade de superfície.

Ao mesmo tempo, os estudos de I.A.Krasilnikov (1945), M.V.Fedorov e V.P.Podpolskaya (1951), M.V.Fedorov e S.V.Egorova (1957), L.M.Dorosinskii (1962) e outros autores mostram que a simbiose das bactérias nodulares com as plantas e o próprio processo de fixação do azoto não podem ser considerados isoladamente das condições edafo-climáticas da cultura das leguminosas.

Sob a influência dos fertilizantes, o teor de azoto total e proteico aumentou, principalmente devido à globulina. A relação entre as fracções proteicas individuais foi mais fortemente influenciada pelas condições meteorológicas do que pelos fertilizantes. M.I.Smirnova-Ikonnikova e colaboradores (1962) estabeleceram a dependência da composição das fracções proteicas em relação a factores geográficos. O espetro electroforético das fracções proteicas de albumina, globulina e glutelina é específico de uma variedade e não depende das condições de crescimento [85].

Além disso, os factores que podem melhorar o rendimento e a qualidade das sementes destas culturas também não estão suficientemente estudados.

Neste contexto, a tarefa da nossa investigação consistiu num estudo complexo de feijões de leguminosas ricas em proteínas - cujas fontes desempenham um papel significativo na dieta da população do Azerbaijão.

Em média, as sementes de feijão contêm uma vez e meia mais proteínas do que o trigo, mas menos do que as sementes de ervilhas, lentilhas e outras leguminosas. O feijão reage fortemente às condições de crescimento, o que provoca alterações na composição química das sementes. Estudos efectuados por M.I. Smirnova-Ikonnikova e N.F. Pokrovskaya mostraram uma variabilidade considerável no teor de proteínas das espécies e variedades de feijão, em função das condições de crescimento em diferentes regiões da URSS. As experiências de M.I. Smirnova-Ikonnikova mostraram um aumento significativo do teor de lisina do feijão (variedade Shchedraya) quando foram aplicados adubos minerais com fósforo e azoto [42].

A maior parte da matéria extractiva isenta de azoto das sementes de feijão é constituída por amido.

Estudos efectuados por I.K. Murri (VIR) mostraram [62] que o feijão contém quantidades significativas de provitamina A (caroteno) e de ácido ascórbico. O ácido ascórbico no feijão acumula-se à medida que o feijão amadurece: na fase inicial, foram determinados 23-28 mg (por 100 g de peso de feijão cru) de ácido ascórbico. Na fase de maturação dos grãos de feijão, o teor de caroteno diminui acentuadamente, enquanto o teor de ácido ascórbico aumenta, atingindo uma média de 50 mg (por 100 g de peso bruto) na fase de maturação técnica.

As sementes de feijão e os feijões imaturos contêm vestígios da vitamina aneurina. A aneurina está presente tanto nas sementes de feijão secas imaturas como nas totalmente maduras.

Encontraram-se igualmente as seguintes vitaminas no feijão imaturo e nas sementes maduras do feijão comum e do feijão-lima: niacina (1,4 mg por 100 g no feijão, até 2,5 nas sementes) e riboflavina (0,11 no feijão e 0,22 nas sementes).

O feijão verde e as sementes de feijão verde são ricos em nutrientes e substâncias fisiologicamente activas.

Em 1950-1952, o Prof. V.A.Chesnokov efectuou um estudo sobre as folhas de feijão e mostrou a possibilidade de extrair ácido cítrico das mesmas [93].

As cinzas de sementes de feijão maduro são as que contêm mais potássio e fósforo (quase três quartos da composição total das cinzas), seguidas de magnésio, cálcio e enxofre. O sódio, o ferro e o manganésio são extremamente baixos. Encontram-se vestígios de elementos como o cobre, o boro e o molibdénio.

Nas nossas experiências, a soma dos teores proteicos das amostras de feijão por nós estudadas variou de 20,87 a 28,75%. O estudo de uma grande variedade de feijão comum permitiu-nos identificar 32 acessos com elevado, em média para os anos de ensaio, teor proteico (23,12 - 25,06%, o padrão tem 22,68%) e com a menor variabilidade (até 1%) deste indicador: k-13040; k-34; k-40; k- 35; k-14534, etc. Para além disso, havia 16 amostras que excediam a norma em termos de teor médio de proteínas até 6,07%.

Os dados sobre o teor e a distribuição das proteínas no grão das variedades e formas de feijão comum estudadas são apresentados no quadro 3.4.1.
Distribuição de amostras de feijão comum da coleção local por teor de proteínas do grão quando cultivado em condições de Apsheron

Quadro 3.4.1.

Teor proteico dos grãos por categoria (%)			
17,31 - 23,0	23,12 - 25, 06	25, 12 - 27,06	27,50 - 28,75
arbusto			
26	18	8	2
semi-pendurado			
21	17	6	2
Conclusão:			
100	47,0%	35,0%	14,0%	4,0%

A maior quantidade de proteína na matéria seca total foi observada na amostra k-36 - 28,75%; k-14361% - 27,18%; AzePHA-45 - 27,50%; AzePHA-18 - 27,06% *e outras*. A menor quantidade de proteína foi observada na amostra azeqri/34, 17,31%; AzePHA-211-t, 21,00%; t/18, 21,37%; k-15275, 21,43% e outras.

Todas as espécies e variedades de feijão estudadas são caracterizadas por um conjunto completo de aminoácidos, mas diferem significativamente no seu conteúdo.

No entanto, o valor nutricional dos produtos alimentares é determinado não só pela quantidade de proteína incluída na sua composição, mas também pela sua integridade, ou seja, pela composição de aminoácidos.

As leguminosas são uma boa fonte de vários aminoácidos essenciais para melhorar a adequação nutricional dos regimes alimentares. Atualmente, está a ser promovida a utilização de leguminosas para aumentar o teor de proteínas do pão e para suplementar um certo número de aminoácidos essenciais em falta noutros alimentos [8].

Neste contexto, o estudo da composição de aminoácidos das proteínas de variedades locais de leguminosas no Azerbaijão reveste-se de grande interesse.

A composição em aminoácidos das leguminosas alimentares do Azerbaijão determina o seu valor biológico e a eficiência da sua utilização como um dos elementos importantes para melhorar o equilíbrio proteico do país [77;78].

As amostras selecionadas podem ser utilizadas em trabalhos de melhoramento para a qualidade do grão (quadro 3.4.2)

Quadro 3.4.2.

Resultados da análise bioquímica de amostras de feijão comum

Naz. Obraztsov	Em peso seco sem ar			mg em 100 g	
	azoto total	Proteína	Cinzas	triptofano	Lisina
к-36	4,6	28,75	4,25	240	1030
AzePHA-45.	4,4	27,5	4,56	245	1128
AzePHA-18	4,33	27,06	4,49	250	947
AzePHA-20	4,09	25,56	4,02	196	839
azeqri/68	3,91	24,43	3,45	200	1178
к-14361	4,35	27,18	4,41	235	1128
к-15274	3,91	24,43	3,79	210	871
AzePHA-15	4,01	25,06	4,3	230	982
к-40	3,98	24,85	3,75	175	849
st. Galibiat	3,80	23,75	4,14	185	974
Yerli Piada	3,63	22,68	3,90	210	928
AzePHA-3	4.20	26,18	4,30	230	982
т/7	4,30	26,87	4,10	250	947

3.6. Doenças e Pragas do Feijão.

As leguminosas para grão são afectadas por pragas tanto específicas, que se alimentam apenas de leguminosas, como multivoros, que afectam não só as leguminosas, mas também outras culturas agrícolas. A produção de leguminosas para grão é significativamente afetada por doenças - fúngicas, bacterianas e virais

As doenças reduzem drasticamente a cultura do feijão e, por vezes, destroem-na completamente. Dependendo dos agentes patogénicos que causam as doenças do feijão, estas podem ser divididas em 3 grupos 1) doenças fúngicas (antracnose, fusariose, etc.) causadas por parasitas fúngicos; 2) doenças bacterianas (bacterioses) causadas por vários tipos de bactérias; 3) doenças virais (mosaico, etc.) causadas por vírus. Todas as variedades de feijão locais e de reprodução são afectadas por doenças em certa medida. A resistência de algumas variedades de feijão às doenças é relativa.

Doenças fúngicas - antracnose. O agente causal é *Colletotrichum Lindemuthianum* Br. Et Gav. A antracnose é a doença fúngica mais prejudicial para o feijão. A doença afecta sobretudo o feijão, no qual aparecem manchas arredondadas, cinzentas escuras ou acastanhadas, ligeiramente deprimidas, com um bordo escuro e uma risca vermelha escura. Frequentemente, formam-se buracos nos feijões no lugar das manchas, através dos quais a doença afecta as sementes. Os rebentos e as plantas adultas são também afectados pela antracnose. A antracnose afecta mais gravemente as variedades de feijão hortícola na zona não pertencente à Terra Preta, especialmente em terreno fechado.

A doença é transmitida através do solo e das sementes. Nas sementes de feijão, o micélio permanece viável durante 5-7 anos. A principal fonte da doença são os restos não decompostos de caules e folhas da colheita do ano passado, que retêm o micélio do fungo. Se você semear sementes de feijão antracnose doentes no solo, então nas mudas você pode notar imediatamente a manifestação desta doença (nas cabeças das sementes), então a doença passa para as folhas (veias e pecíolos são afetados), e mais tarde - em feijões jovens (espátula verde). Os esporos do fungo começam a germinar a 10°, mas a temperatura óptima é de 2°.

Os tecidos vegetais velhos são mais resistentes à antracnose do que os jovens, o fungo danifica apenas algumas células e morre. O fungo sobrevive no revestimento das sementes ou nas vagens. A acidez óptima para o desenvolvimento é de pH 5,5-6, que é a acidez normal do sumo das folhas e dos caules jovens do feijão.

Podridão seca da raiz, ou fusariose. O agente patogénico é o *Fusarium* Maptii App. Et Wr. var *phaseoli* Burk. A doença é detectada logo após a emergência das plântulas de feijão. Os sinais externos de plântulas doentes são o aparecimento de um estiramento excessivo na sub-semente acima do colo da raiz. A base do caule torna-se mais fina do que a parte superior (acima do puxão). O fungo espalha-se então do colo da raiz para o caule e infecta o sistema vascular, o que interrompe o fornecimento de água; as plantas murcham e as folhas ficam castanhas e caem. Como resultado, as plantas morrem ou reduzem drasticamente a sua produtividade. Em tempo seco, as plantas morrem desta doença (de acordo com as observações de P.M. Sheterenberg na região de Odessa), muito mais rapidamente do que em tempo húmido [42].

A principal fonte de infeção da podridão radicular no feijão é o solo, mas a doença também pode ser transmitida através das sementes.

Ascocitose. O agente patogénico é *A^occhyla phaseolorum* Sacc. Afecta principalmente o feijão comum, mas também ocorre no feijão dourado e no feijão multifloral. A doença afecta os caules, os pecíolos das folhas, os feijões e as sementes. Formam-se manchas castanhas alongadas nos caules e nos pecíolos das folhas, e manchas ovais, transparentes, oleosas e castanhas claras nos feijões. As sementes afectadas pela ascocitose são fracas, com manchas esbatidas de cor cinza. Esta doença não está muito difundida no nosso país.

Cercosporose. O agente patogénico é *Cercospora cruent* Sacc. Afecta as folhas dos feijões dourados e angulares. Os sinais externos da doença são o aparecimento de manchas castanho-acastanhadas nos folíolos com escurecimento das folhas. A doença foi registada no Azerbaijão SSR e na Ásia Central [42].

Doenças bacterianas (bacterioses). Agentes patogénicos -*Xanthomonas phasoli* (E. Smith.). Dowson, Corynebacterium flaccumfaciens (Hedges) Dowson e outros. As bactérias que causam a doença do feijão são muito móveis, resistentes à secagem, mas não toleram altas temperaturas e morrem a 50 °, pertencem aos aeróbios.

As bacterioses afectam as folhas, os caules e também os feijões e as sementes. Afectam mais gravemente o feijão na zona principal da sua distribuição, especialmente nas zonas de estepe da Ucrânia e do Kuban. Foram descritas mais de 10 doenças bacterianas do feijão, mas a mancha bacteriana, a murcha bacteriana e a auréola bacteriana são as mais graves. A bacteriose afecta os feijões jovens, as folhas e os caules com uma mancha castanha; à medida que amadurecem, as manchas secam e tornam-se castanho-acastanhadas; as manchas nos feijões são geralmente maiores do que as causadas pela antracnose. Verificou-se que as variedades e formas de feijão comum são afectadas por cinco agentes patogénicos da bacteriose, enquanto o feijão multifloral é afetado por dois [42].

As doenças virais do feijão parecem estar muito disseminadas. Os sinais caraterísticos destas doenças são: torção das folhas, deformação da lâmina foliar (inchaços), enrolamento das folhas, encurtamento dos entrenós, descoloração das folhas (alternância de zonas da lâmina verde-escura com amarelo), nanismo das plantas, etc. As doenças virais mais comuns são os mosaicos: encaracolado, estriado e vesicular. São também conhecidos outros mosaicos - verde, amarelo.

A resistência ao mosaico comum é uma caraterística recessiva que depende da combinação de 2 genes. Os vírus do mosaico comum e do mosaico amarelo afectam um certo número de espécies dos grupos americano e asiático. O vírus do mosaico rugoso é extremamente especializado: foi encontrado por Nelson apenas numa variedade de feijão comum ("Stringless Refugee"). A resistência ao mosaico comum é herdada independentemente da resistência ao mosaico amarelo. Assim, as cultivares acima referidas que são resistentes ao mosaico comum são simultaneamente susceptíveis ao mosaico amarelo.

As medidas importantes para controlar as doenças virais do feijão são: desenvolvimento de variedades resistentes, sementeira com sementes obtidas apenas de plantas saudáveis, remoção (antes da floração) e queima de plantas doentes e controlo de insectos - vectores de doenças virais.

A luta contra as doenças das leguminosas baseia-se essencialmente em medidas agrotécnicas e organizativas. As principais incluem: a observância da rotação de culturas, a colocação de leguminosas a uma distância admissível das gramíneas perenes. As leguminosas para grão não devem ser reintroduzidas nos campos ocupados por leguminosas antes de 3-4 anos.

As sementes para armazenamento de inverno devem ser armazenadas em condições, especialmente em termos de pureza e humidade. A humidade das sementes não deve exceder 14%, as sementes devem estar isentas de impurezas e de grãos atarracados.

Pragas do feijão. Gorgulho do feijão *(Acanthoscelides obtectus* Say). É a praga mais perigosa do feijão, danificando as sementes tanto no campo como nos celeiros. Os danos são causados por larvas de escaravelho que se desenvolvem a partir de ovos postos pelas fêmeas, quer diretamente nas sementes ou nos sacos (nos celeiros), quer nos feijões maduros (no campo). As larvas penetram no interior da semente e podem desenvolver-se várias larvas, de 1 a 4 (até 28), numa só semente. O período de desenvolvimento das larvas é, em média, de 24 dias. O número total de gerações do gorgulho do feijão é de, pelo menos, 4, 2 das quais se desenvolvem no campo e as restantes no outono e inverno, nos celeiros. A especialização alimentar do gorgulho do feijão foi estudada por F.K. Lukyanovich. Verificou que o gorgulho do feijão pode desenvolver-se em cinco espécies de feijão cultivadas [42].

Nemátodo da galha (raiz) *(Meloidogyne marioni* Cornu). Danifica as raízes de todas as espécies de feijão, em especial do feijão dourado. Os danos são provocados por larvas que penetram na parte cortical da raiz e provocam um crescimento anormal das suas células (parênquima cortical), dando origem a um desenvolvimento anormal dos tecidos das raízes com formação de inchaços - galhas.

O nemátodo encontra-se disseminado em algumas zonas das RSS da Ucrânia, da Geórgia e do Azerbaijão, bem como nas repúblicas da Ásia Central.

As nossas culturas foram principalmente afectadas pelo halo bacteriano.

O grau de dano causado por esta doença depende principalmente das condições climatéricas. Se as condições forem favoráveis à doença, os danos são muito mais graves durante a floração e a frutificação.

Nas condições da zona em causa, em alguns anos regista-se uma ligeira propagação da antracnose causada pelo fungo *Colletotrichum Lindemuthirinum* Br et Gav. Por exemplo, "Galibiyat", "YerliPiada", "t/15", etc. foram fracamente afectadas pela antracnose.

Durante os anos de investigação, isolámos 14 amostras de grãos e feijões vegetais resistentes a doenças fúngicas e bacterianas: k13034, AzePHA-20,

A resistência das amostras de feijão, consoante a espécie, manifestou-se de forma diferente nos anos de investigação. A análise mostrou que o feijão comum foi mais resistente à bacteriose.

Os danos causados pelas pragas foram observados apenas pelo escaravelho do grão do feijão - *Acanthoscelides obtectus* Say. As variedades "Saxa fibreless 615", "k-15274" e "k-13036" foram mais severamente afectadas por pragas.

CAPÍTULO 4

4. Parâmetros do modelo experimental da variedade de feijão

De entre as várias direcções do melhoramento do feijão vulgar, a primeira é a da seleção imunitária. O melhoramento é efectuado principalmente no sentido de desenvolver variedades altamente resistentes a doenças fúngicas, bacterianas e virais através de métodos de seleção individual e de hibridação. Outra direção do melhoramento é o melhoramento de variedades de maturação precoce, resistentes à seca e ao frio. A terceira direção é a seleção da qualidade.

Parâmetros do modelo experimental de variedades de feijão adaptadas às condições da República do Azerbaijão. Tendo em conta os parâmetros óptimos desenvolvidos e cientificamente comprovados para as principais caraterísticas quantitativas, foram propostos os modelos de variedades para os grupos de maturação precoce e média (arbusto e encaracolado).

4.1. Relação entre produtividade e outras caraterísticas de valor económico.

O conhecimento das regularidades da influência de cada caraterística sobre a produtividade, bem como da sua variabilidade numa determinada zona de cultivo, permite identificar o valor de cada caraterística sobre a produtividade, possibilita a avaliação de genótipos e a introdução de alterações na prática de seleção e nos parâmetros dos elementos de estrutura e das caraterísticas morfobiológicas aquando da modelação de novas variedades. Para encontrar a seleção e a avaliação mais eficazes do material de reprodução de feijão, são importantes as correlações entre a produtividade das plantas e os elementos da estrutura do rendimento.

A análise biométrica das plantas da coleção mostrou que a variabilidade dos principais caracteres determinantes da produtividade se deve à diversidade genotípica e à influência das condições do ano. Os valores médios do coeficiente de variação dos caracteres "número de sementes, grãos e nós produtivos por planta" e "peso de sementes por planta" indicam um forte grau de variabilidade dos mesmos. O nível mais elevado de variabilidade foi observado para a caraterística "peso das sementes por planta" com o valor máximo. Os caracteres "número de sementes numa vagem, peso de 1000 sementes" foram caracterizados por um nível médio de variabilidade.

A magnitude dos coeficientes de correlação obtidos nos estudos de diferentes autores parece estar frequentemente relacionada tanto com o conjunto de variedades de amostras estudadas como com as condições de cultivo.

O número de sementes na vagem tem uma correlação positiva com o número de sementes por planta, entre o peso de 1000 sementes e o número de sementes por planta, o peso de 1000 sementes e o número de sementes na vagem mostrou uma correlação negativa fraca, e uma relação muito fraca, tanto negativa como positiva, entre o peso das sementes e o comprimento do caule, o peso de 1000 sementes e o número de sementes na vagem e o número de feijões por planta.

Assim, nas nossas experiências, em todos os anos de investigação, foi encontrada uma relação fiável ao nível inter-variedades entre o peso das sementes por planta e o comprimento do caule, o peso das sementes por planta e o número de feijões por planta, o peso das sementes por planta e o número de sementes por planta. Em menor grau, a produtividade foi relacionada com o número de sementes no feijão (Figuras 4.1. .4.8).

O desenvolvimento de princípios de modelação de variedades baseia-se no conhecimento da variabilidade dos traços quantitativos nesta zona específica de cultivo de possíveis correlações dos traços mais importantes na formação do rendimento.

A amplitude de variação permite estabelecer os limites de manifestação dos caracteres do feijão nas condições estudadas, e as correlações encontradas entre eles mostram quais os caracteres que devem ser selecionados.

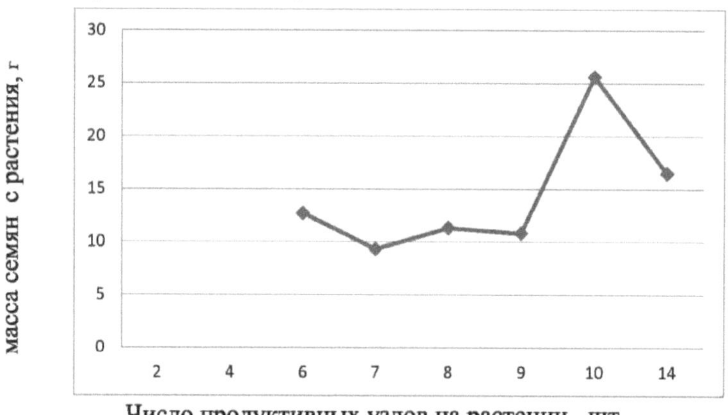

Figura 4.1. Relação da produtividade de uma planta com o número de nós na planta

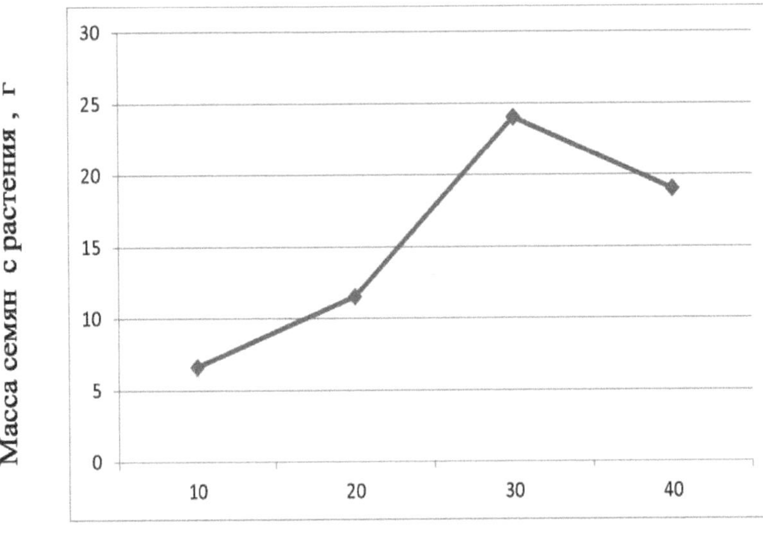

Figura 4.2. Relação entre a produtividade de uma planta e o número de feijões por planta, pcs.

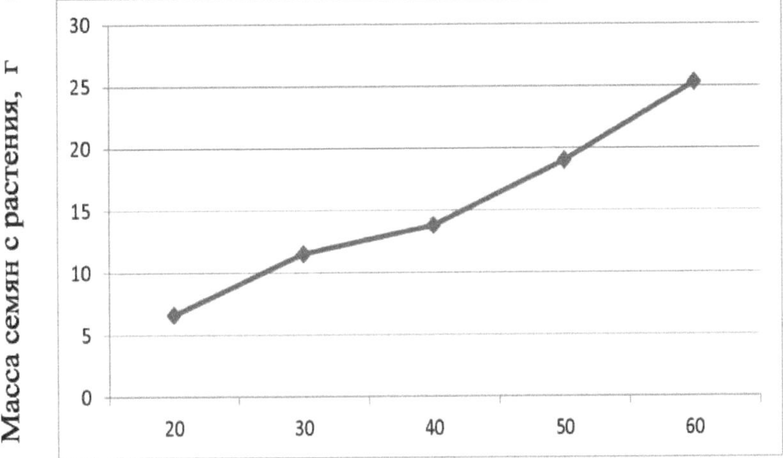

Figura 4.3. Relação entre a produtividade de uma planta e o número de sementes na planta.

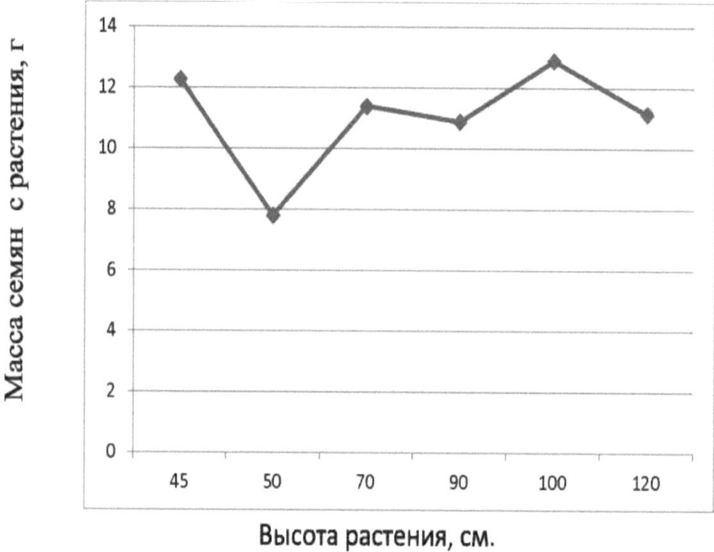

Figura 4.4. Relação da produtividade de uma planta com a altura da planta.

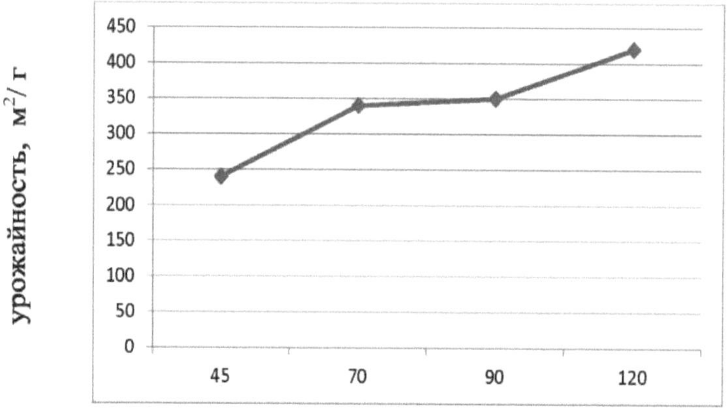

Figura 4.5. Relação entre rendimento e altura da planta

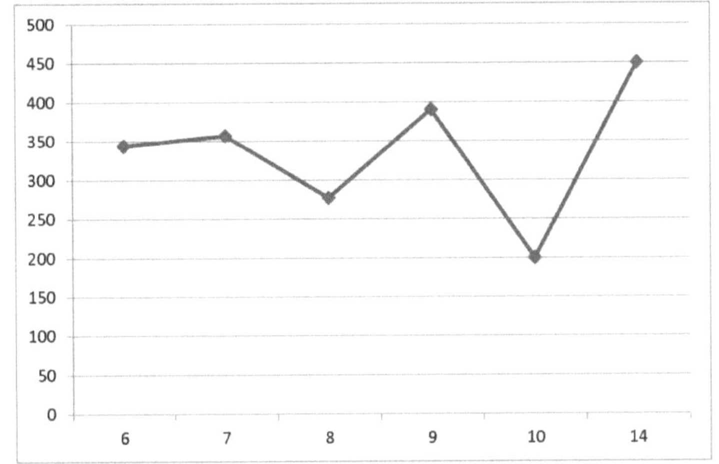

Число продуктивных узлов на растении, шт.

Figura 4.6. Relação entre rendimento e número de nós produtivos.

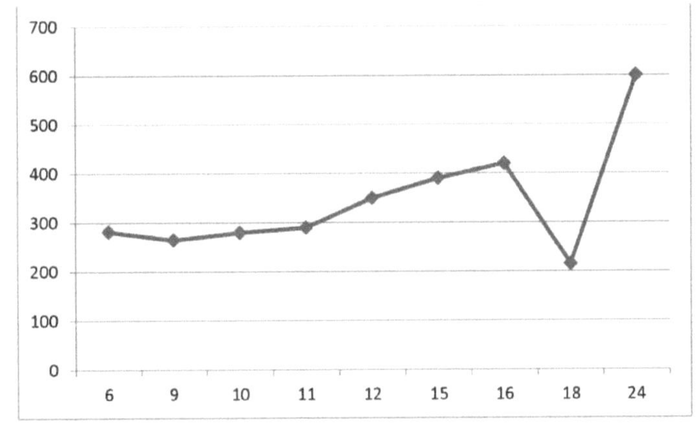

Число бобов на растении, шт.

Figura 4.7. Relação entre o rendimento e o número de feijões por planta.

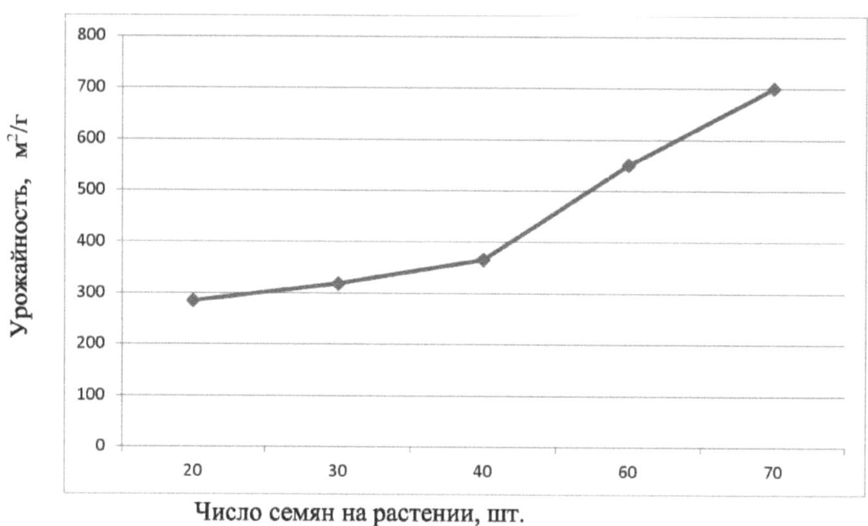

Figura 4.8. Relações entre o rendimento e o número de sementes por planta.

A análise gráfica da interação entre o rendimento e a altura das plantas mostrou um aumento do rendimento por metro quadrado (Figura 4.5.), bem como da produtividade por planta (Figura 4.4.).

Nas Figuras 4.1 e 4.6, é possível observar uma relação direta entre o número de nós produtivos e a produtividade por planta e o rendimento por parcela. Para os parâmetros da variedade modelo do grupo de maturação precoce, o número de nós produtivos deve estar entre (16-18 pcs.). O número ótimo de grãos é (16-24) (Fig. 4.2). [2]O número de sementes por planta também afecta significativamente o rendimento por m , bem como a produtividade por planta (Fig. 4.8;4.3).

[2]Foi estabelecido que é possível selecionar uma produtividade elevada para uma planta, uma vez que existe uma dependência entre a produtividade de uma planta e o rendimento de uma m -a.

A produção de sementes é um rácio de muitos componentes. No final, é influenciada pelo número de sementes por planta e pelo peso de 1000 sementes.

A produtividade das sementes divide-se em duas categorias: produtividade potencial e produtividade efectiva (real) das sementes [17]. A produtividade potencial de sementes é o número máximo possível de sementes que uma planta, população ou fitocenose pode produzir num determinado período de tempo, desde que todos os núcleos de sementes colocados nas flores sejam capazes de formar sementes maduras. Produção real de sementes

a produtividade é o número de sementes normalmente desenvolvidas por unidade contabilística [60].

Nas nossas experiências, em média para os anos 2011-2014, a análise dos dados mostra que, em média para 4 anos, as variedades com sementes grandes tiveram a maior produtividade, enquanto as variedades com sementes pequenas tiveram uma produtividade significativamente inferior.

Consequentemente, a combinação de elementos da estrutura de rendimento nas variedades de semente média e de semente grande nas condições do Azerbaijão é a mais favorável. Assim, a T/27 tem o maior número de sementes na planta, mas devido ao baixo peso de 1000 sementes na produtividade ocupa um dos últimos lugares.

4.2. Parâmetros do modelo experimental da variedade de feijão adaptada às condições da República do Azerbaijão.

O desenvolvimento de princípios de modelação de variedades baseia-se no conhecimento da gama de variabilidade dos traços quantitativos numa determinada zona de cultivo, nas possíveis correlações dos traços mais importantes com o rendimento e na contribuição dos traços individuais para a formação do rendimento.

A gama de variação permite estabelecer os limites de manifestação dos caracteres do feijão nas condições estudadas, e as correlações encontradas entre eles mostram quais os caracteres que devem ser selecionados.

Tendo em conta os parâmetros óptimos desenvolvidos e cientificamente comprovados para as principais caraterísticas quantitativas, foram propostos modelos de variedades para os grupos de maturação precoce e média (Tab. 4.2.).

Tabela 4.2.

Indicador	A variedade Yerli é uma variedade regionalizad a Pia sim.	Grau do modelo AzePHA-20	Variedade regionalizada Galibiat	Grau do modelo AzePHA-3
rendimento de sementes m/ano	390	280	400	600
contagem de ramos	3	3	3	3
número de nós produtivos por planta	6	12	6	7
contagem de feijões	15	10	12	24
número de sementes na vagem	3	5	5	4
número de sementes por planta	40	35	34	64
1000 sementes peso, g	336	415	294	624
altura da planta, cm	30-35	50-70	80-90	80-90
altura da fixação inferior do feijão, cm	11	16,5	14,6	20
qualidade do rendimento: proteína nas sementes,%	22,68	25,06	23,75	26,18
resistência à seca	média	elevado	média	elevado
danos causados por pragas	média	média	Médio	Médio

Para o modelo de maturação do feijão do grupo médio (arbusto), foram determinados parâmetros de altura da planta de 50 a 70 e fixação inferior do feijão de 15-28 cm.

CAPÍTULO 5

CONCLUSÃO

O problema do domínio e da expansão dos recursos genéticos vegetais no domínio do melhoramento genético existe desde há muito. A sua importância está a aumentar constantemente devido à identificação do melhoramento e à necessidade constante de melhorar e enriquecer o património genético varietal. Este facto foi previsto por N.I. Vavilov: foi um dos primeiros a tomar medidas para mobilizar a conservação e o estudo exaustivo da diversidade varietal e de espécies de plantas agrícolas existentes.

A necessidade de sistematização do património genético da cultura aumentou especialmente nas últimas duas décadas devido ao trabalho de criação de bancos de genes estatais *(nacionais)* e internacionais de plantas agrícolas. O principal princípio no desenvolvimento do sistema é o agrupamento de espécies e formas vegetais de acordo com a possibilidade da sua utilização como material de origem em programas de melhoramento para culturas específicas.

O feijão é a principal leguminosa cultivada no nosso país, amplamente cultivada em diferentes condições edafoclimáticas.

A nova estratégia para o desenvolvimento do melhoramento de sementes de culturas na República do Azerbaijão para o período até 2018 orienta o melhoramento para a criação de variedades de alto rendimento, formando rendimentos estáveis de alta qualidade, capazes de resistir a factores de stress ambiental e a uma utilização eficiente dos recursos antropogénicos e naturais, para melhorar as tecnologias existentes e desenvolver novas tecnologias de processo de melhoramento com a participação de métodos de investigação modernos, bioengenharia, dadores eficazes e fontes de caraterísticas valiosas.

As variedades cultivadas de feijão de grão e de legumes não são suficientemente tecnológicas. Atualmente, existe um certo número de variedades com a propriedade de não quebrar as sementes, resistentes a..., mas a introdução bem sucedida dessas variedades na produção é dificultada pelos seus rendimentos relativamente baixos.

O melhoramento moderno deve ter mobilidade na resolução de problemas práticos, para os quais é necessário dispor de uma variedade de material de origem, que pode ser a fonte tanto de caraterísticas individuais como das suas várias combinações.

Este trabalho é dedicado a um estudo exaustivo da coleção de feijão nas condições de Absheron no Instituto de Recursos Genéticos da ANAS Azerbaijão 2007-2015, tendo sido estudadas 130 amostras de feijão.

Foram determinadas as peculiaridades da variabilidade e as inter-relações dos traços de produtividade de diferentes morfotipos de feijão. Foram identificadas as fontes das principais caraterísticas de valor económico das variedades estudadas pertencentes a diferentes morfotipos de feijão. Foram identificadas variedades de maturação precoce, de alto rendimento e resistentes à seca. Como resultado do trabalho com diferentes populações, foi criado o material de origem com um complexo de caraterísticas e propriedades economicamente valiosas. Este material de seleção é de grande interesse para o melhoramento e a produção agrícola.

Entre 2005 e 2015, 130 variedades e acessos de feijão foram descritos em termos de caraterísticas qualitativas. A descrição das variedades e amostras de feijão quanto aos caracteres morfológicos foi efectuada em várias fases: durante a germinação, a floração, a maturação técnica e biológica. Foram selecionadas fontes de formas arbustivas de germinação precoce e de germinação média.

Foram estabelecidas correlações entre caraterísticas morfo-biológicas de amostras varietais da coleção, que podem ser utilizadas no trabalho de melhoramento para a criação de novas variedades de feijão.

A cultura do feijão caracteriza-se por uma tecnologia muito complexa, diferenciada em função de muitos factores. É fundamental ter em conta as condições climatéricas actuais e previstas.

O desenvolvimento de princípios de modelação de variedades baseia-se no conhecimento da gama de variabilidade dos traços quantitativos numa determinada zona de cultivo, nas possíveis correlações dos traços mais importantes com o rendimento e na contribuição dos traços individuais para a formação do rendimento.

A gama de variação permite estabelecer os limites de manifestação dos caracteres do feijão nas condições estudadas, e as correlações encontradas entre eles mostram quais os caracteres que devem ser selecionados.

LITERATURA

1. Abdullaev   A.A. Estudo da variabilidade e das relações correlativas traços quantitativos no algodão // Jornal Biológico do Uzbequistão.1975.No.5.
2. Adamova O.P. Influência das condições de crescimento das leguminosas para grão na formação das sementes. - Actas sobre botânica aplicada, genética e seleção. 1971, vol.45. vol.Z.
3. Alabushev A.V. Potencial adaptativo das variedades de culturas de cereais. // Leguminosas de grão e culturas de cereais,- Orel: VNIIZBK, 2013. № 2.-C 4751.
4. Amirov L.A. Agrobiological study of beans of different origin in conditions of Sheki - Zakatala zone of Azerbaijan SSR. Tese do autor para o   grau de Candidato a Ciências.

de ciências agrícolas. Leningrado, 1981.

5. Asadova A.I. Estado do trabalho de melhoramento de legumes e grãos no Azerbaijão. // Plantas novas e não tradicionais e perspectivas da sua utilização. Actas do XI Simpósio Internacional. Pushchino, 2015. C.285-287.

6. Asadova A.I., Amirov L.A. Estudo de caraterísticas economicamente valiosas de amostras de diferentes espécies de feijão no Azerbaijão. Introdução, conservação e utilização da diversidade biológica de plantas cultivadas. // Materiais da XI conferência científica e metódica internacional. 4.2. Makhachkla, 2014. C. 98-101.

7. Badina G.V. Cultivo de leguminosas e clima. Л.- 1974. C. 87108.

8. Bakhitov R.F. Estudo das principais etapas do processo de formação das propriedades tecnológicas do grão-de-bico e do feijão sob a influência de vários factores agrotécnicos nas condições do Azerbaijão SSR. dissertação de autoref., apresentada para o grau de Candidato a Ciências Agrícolas. Baku, 1969.

9. Balashova N.N., Zeman G.O. Vegetable growing.-Tashkent. UKITUVCHI, 1981 P.350-353.

10. Buravtseva T.V., Egorova G.P. Coleção de feijão VIR-100 anos // "Leguminosas de grãos e cereais", № 4 - 2012. C.46-52

11. Bodnar G.V., Lavrinenko G.T. Leguminous crops. M.- "Kolos", 1977. C.12-14; 36-44; 134-139

12. Borevic S. Principles and methods of plant breeding (tradução do servo-croata). M. "Kolos". - 1984. - 344 c

13. Vavilov N.I. Bases teóricas da seleção. M., "Nauka", 1987, 511 p.

14. Vavilov N.I. Genética e melhoramento. // Obras selecionadas. Kolos 1966. T.V. C. 451-465

15. Vavilov P.P. Cultivo de plantas. / editado por P.P.Vavilov - M.: Agropromizdat, 1986.- 512 p.

16. Vavilov N.I. Izb.trudy. T.Sh.M.-L., "Nauka", 1962, -S.42-51.

17. Vainagii V.I. Sobre a metodologia de estudo da produtividade de sementes de plantas. //Botanical Journal. 1974. VOL.59.NO.6.P.826-831.

18. Verbitsky N.M. Criação de ervilhas em condições de humidade insuficiente. / N.M.Verbitsky // Boletim do Instituto Agrícola Russo. - M 1994. № 2

19. Verbitsky N.M. Pea breeding in the conditions of the North Caucasus. - Rostov-on-Don, 1992. C. 259

20. Verbitsky N.M. Seleção de ervilha para produtividade // Boletim Científico e Técnico de VASHNIL. Ramo Siberiano Novosibirsk, 1981. Vyp. 6- 7,- c.96-99

21. Verbitsky N.M. Material de origem para a criação de ervilhas na região de Rostov. Tese do autor do candidato de s.- x. ciências. - L., 1969. C. 3-16

22. Vetrova E.G. Seleção de ervilhas para alta produtividade. // Boletim técnico

científico. União. Instituto de Seleção Genética - Odessa, 1986. Vyp. 4.- c.38-41.

23. Vogau N.A. Experiência na contabilização da qualidade das colheitas. "Sots. grain. khoz." № 6, 1934

24. Gamzikova O.I., Kalashnik N.A., Gudinova L.G. Some genetic aspects of drought resistance and soft spring wheat // Problems of breeding of agricultural plants. - Novosibirsk. 1983.- C. 90-103.

25. Georgiev D. Testing bean varieties for suitability for mechanised harvesting. 1987

26. Golban N.M., Rassokhina A.I. Métodos e resultados da seleção de feijão para aptidão à colheita mecanizada. Seleção e produção de sementes de culturas arvenses na MSSR. 1987. C. 47-54.

27. Gorina E.D., Anokhina G.A. Para a seleção de trigo mourisco para maturidade precoce. // Reprodução e produção de sementes.- M., 1980.- № 2.-S. 16-17.

28. Davletov F.A. Seleção de variedades de ervilhas não sugadoras nas condições dos Urais do Sul. - Ufa, 2008. C. 236.

29. Davletov F.A. Methods and results of pea breeding. Bashkortostan.- Ufa: LLC "Epokha". 2006, c.92.

30. Davletov F.A., Popov B.K. Seleção de variedades de ervilha para as condições do Sul dos Urais. II Agricultura de grãos. - M., 2004.- № 8 - P. 7-8.

31. Davletov F.A. Seleção de ervilha de grão nas condições da República de Bashkortostan. - Ufa, 1993. C. 3-51

32. Dekaprelevich L.L. Variedades de feijão cultivadas na Geórgia. Notas do Departamento Científico e Aplicado do Jardim Botânico de Tiflis, v. IV, 1925

33. . Dekaprelevich L.L. e Menabde V.L. Para o estudo de culturas de campo da Geórgia Ocidental. 1. Racha. Notas do Departamento Científico e Aplicado do Jardim Botânico de Tiflis, v. VI, 1929

34. Dekaprelevich L.L. Beans. M., "Kolos", 1965

35. Dietmer E.E. Flora Cultural da URSS. Editado pelo Prof. E.V.Wolf. Leningrado, 1937. C.458-533.

36. Ditmer E.E. Para a questão sobre a origem do feijão cultivado. Em Prikkl. Бот.-Л.,1931.-Т.23-Вып.5.-С.309.

37. Dorofeev V.F. Trigo da Transcaucásia. //Tr. Po prik. bot., gen. e sel. Л - 1977. T.47. - Vol. 1. - C.5-202.

38. Zhuchenko A.A. Ecological and genetic problems of plant breeding. E Biologia Agrícola. - №3. 1990, c. 3-23

39. Zadorin A.D., Yakovlev V.A. Resultados e perspectivas da criação de ervilhas na Rússia. // Reprodução e produção de sementes.- M., 1994.- № 1. - C.2-5.

40. Zelenov A.N. Bases fisiológicas da seleção de leguminosas para resistência à

seca. // Resistência de leguminosas e cereais a fatores ambientais desfavoráveis e formas de melhorá-la. - Orel. 1982.- C. 4-16

41. Zotikov I.V. Apoio científico à produção de leguminosas para grão e culturas de cereais na Federação Russa: estado e perspectivas. // Leguminosas de grão e culturas de cereais - Orel : VNIIZBK, 2003 - № 2.- P. 10-17

42. Ivanov N.R. Feijões. 1961

43. Ilyina L.G. Criação de variedades de trigo de primavera com alta qualidade de grãos. // Vestnik s.-kh. nauki.- 1984.№10.-S.101-106

44. Kalaidzhieva S. Influência da data e do método de sementeira no rendimento e na qualidade do grão de soja. Rasten. Nauki. 1989. 26. 1. 15-20.

45. Kevkhshivili V.I. Caraterísticas da tecnologia das culturas arvenses nas zonas de sequeiro do leste da Geórgia (planalto de Gore-Kakheti). Tese do autor para obtenção do grau de Doutor em Ciências Agrícolas. Kharkov, 1987.

46. Kolompikova G.D., Vasyakin N.I., Kiprev Y.N. Calendário, normas e métodos de sementeira na zona de estepe da região de Omsk. // Intensifakasiya cultivo de culturas agrícolas em Zapodnaya Sibéria. 1988 C. 109-113.

47. Korenev G.V., Podgorny P.I., Scherbak S.N. Plant growing with the basics of selnction and seed production - M.: Kolos, 1983.- P.212-216.

48. Krylov A.V. Para as questões de criação de variedades de feijão vegetal com altos rendimentos sustentáveis e produtos de alta qualidade. - "Notas do Instituto Agrícola de Voronezh", 1939, Vol. 17, No. 1.

49. Kuperman F.I. Morfofisiologia das plantas. - Moscovo: Vysh. Shkola, 1973.P. 256

50. Lelli Y. Seleção de trigo. - M. Nauka, - 1980.- 384 p.

51. Leshchenko A.K., Matushkin V.A. Seleção de soja para maturidade precoce e alta produtividade. Reprodução e produção de sementes. 1989.67, c.39-44.

52. Litun P.P., Zozulya A.L., Dragovtsev V.A. Soluções de problemas de seleção com base no modelo ecológico e geográfico de caraterísticas quantitativas. //Breeding and seed production: interved. themat.nauchnogo sb.- Kiev: Urozhay, 1986.- Vyp. 61. C. 3-13.

53. Likhochvor V.V., Petrichenko V.F., 1vashuk P.V., Korshichuk O.V. Roslinnittvo.- Lviv. Tecnologias de cultivo de culturas agrícolas. (120 culturas)/- Lviv NVF "Ukraashsky Technologi", 2010- 1081 p.

54. Lukyanenko P.P. Métodos e resultados da criação de trigo de inverno em Kuban. №. 1967

55. Makasheva R.Kh. Flora Cultural da URSS. ed. por O.N.Korovinya - L.: Kolos. 1979.- Vol.4. Ch.1.- 321 p.

56. Makasheva R.Kh. Ervilhas.- L.: Kolos, 1973.- 312 p.

57. Mammadov M.N. Estudo de amostras de feijão do Azerbaijão e da coleção

VIR com vista a identificar as melhores para seleção. Tese do autor para o grau de candidato em ciências agrícolas. Baku, 1968

58. Manafov S.A. Influência dos fertilizantes no rendimento da ervilha e do grão-de-bico nas condições do Azerbaijão SSR. Baku, 1968

59. Maksimovich M.M. Seleção e produção de sementes de culturas arvenses. M. I zd. s.-kh. literatura, revistas e posters. -406.

60. Instruções metódicas sobre a ciência das sementes de plantas introduzidas. N.V.Tsitsin. M.: Nauka, 1980.64 p.

61. Minyuk G.M. Beans./Minsk: Urozhay, 1991, - 93 p.

62. Murri I.K. Dinâmica das vitaminas em variedades de leguminosas vegetais. Na coleção "Bioquímica de frutas e legumes". № 2. Izd. da Academia de Ciências da URSS, 1951

63. Naumkina T.S. Variabilidade das principais caraterísticas de utilidade económica da ervilha. // Coleção de artigos científicos sobre botânica aplicada, genética e melhoramento. Botânica, genética e melhoramento genético - M., 1988. C. 121-125

64. Nosavotsky A.I. Trigo. *8* Biologia. 1965, c. 586.

65. Nettevich E.D. Aumentar o potencial de produtividade das culturas de cereais - precocidade. // S.-H. Biologia, No.1. - 1982.- C.9-13.

66. Ovcharuk O. Caraterísticas agroecológicas de variedades de kvassol e sua produtividade nas condições de Zakhchychnyy Liyustep // 36 trabalhos científicos. УНУС.- Вип.84.Ч.1.-Умань,-2014.-107-112

67. Ovarchuk O.V. Caraterísticas de sorivs para Baconi em utovyh JlicocTeny zakhshchnogo. B: 36. Nauk.pratsy 1nstitut buenergetichnykh kultur! tsurkovyh buryak! Krzw, vip. 17 (1), 2013. c. 236-239.

68. Obraztsov A.S. Sobre alguns aspectos biológicos do problema da seleção para a maturidade precoce. // S.- biologia agrícola.- M, 1983.- №.- p.3-11.

69. Petrichenko V.F., Movran K.L Influência do método de s1vbya e densidade das plantas na produtividade amilácea de plantas xBaconi de extraordinário V: Forragem e produção de forragem: M1zhv1d. Thematic. nauk. 36. Vshnitsa Vin. 2010. 67, c.64-69.

70. Pivovarov V.F. Vegetables Rossi - M., JSC "Russian Seeds", 1994 p.6871.

71. Polyanskaya L.I., Chekrygin P.M. Seleção de feijões em função da sua aptidão para a colheita mecanizada,// Seleção e produção de sementes.- K.: Urozhay, 1983.- Vyp.53.- P.35-37.

72. Polyanskaya L.N., Zaginaylo N.I. Novas variedades de feijão // Seleção e produção de sementes - N.º 3, 1991.-S.39-40.

73. Pryanishnikov D.N. Izbor. op. cit. M., "Kolos", 1963

74. Pryanishnikov D.N., Yakushkin I.V. Plantas de cultura de campo (agricultura

privada) OGIZ. Selkhozgiz.-M., 1938. C. 285-287.

75. Rabotnov T.A. Biological observations on subalpine meadows of the North Caucasus. // Botan. Zhurnal. 1945. T. 30. № 4. C. 167-177.

76. Razumov V.I. Meio ambiente e plantas desenvolvidas. L.-M., Selkhozizdat, 1961.

77. Rafiev E.B., Asadova A.I. Estudo do teor de proteínas e triptofano em amostras de coleção de vigna e ervilhaca. Introdução de plantas não tradicionais e raras. // Materiais da X Conferência Internacional Científica e Metódica em memória do Académico RASHI Nemtsev Nikolai Sergeevich. Vol. 2. Ulyanovsk, 2012. C. 175-177.

78. Rafiev E.B., Gasimov G.G., Asadova A.I., Allahverdiev T.I. Estudo do teor de substâncias azotadas em sementes de amostras de feijão de coleção. Plantas novas e não tradicionais e perspectivas da sua utilização. // Actas do IX Simpósio Internacional. VOL. III. Pushino, 2008.- P.235-238.

79. Rodin E.A. Correlação de caraterísticas em plantas de ervilha. // Actas do Instituto Agrícola de Kirov.- 1981.- P.170-175

80. Rodnikov N.P., Kuryukov I.A. Smirnov N.A. Cultivo de vegetais. M. Kolos, Obraztsov A.S. Sobre alguns aspectos biológicos do problema da seleção para maturidade precoce. // S.- x. biologia. - M., 1983.- № 10.- P. 3-11.

81. Rudenko A.I. Determinação das fases de desenvolvimento das plantas agrícolas. Moscovo, Izd. da Sociedade de Experimentadores da Natureza de Moscovo. 1950.

82. Rybnikova V.A. Variedades de ervilha produtivas em condições de seca. // Reprodução e produção de sementes. - M., 1981, № 5.- P.26-28.

83. Savchenko I.V. Desenvolvimento inovador da produção vegetal em condições modernas. // Leguminosas de grão e culturas de cereais. - Orel: VNIIZBK. 2013.- J62.-C.4-9.

84. Seleção e produção de sementes de culturas arvenses. L.: Kolos. - 1988.- 335 c.

85. Smirnova-Ikonnikova M.I. Caracterização dos recursos vegetais das leguminosas de grão pela composição quantitativa e qualitativa das proteínas. No livro: "Proteínas na indústria e na agricultura". Izd. da Academia de Ciências da URSS, 1952

86. Stepanov V.N. Relação de plantas agrícolas de cultura de campo com factores ambientais térmicos. Auth. doc. diss. Ryazan, 1950.

87. Fadeeva A.N. Criação de material de origem para a criação de ervilhas nas condições da parte norte da região do Médio Volga. // Dissertação do Autor do Candidato de Ciências Biológicas - SPb, 2001. C. 16.

88. Filimonova Yu.A. Caraterísticas biológicas e produtividade de variedades de

feijão *(Phaeeolus vulgaris* L.) para uso hortícola da coleção de VIR nas condições da região de Krasnodar. Tese do autor para o grau de Candidato a Ciências Agrícolas. São Petersburgo, 2009. p.6

89. Fedetov V.S. Pea. M., 1990, - P. 258.

90. Fursov D.I. Capacidade de germinação repetida das sementes de feijão - In book: Mater. Conferência Científica e Instituto Agrícola de Kharkov. Vyp.Z. Kharkov, 1968

91. Khalgildin V.V. Bases genéticas do melhoramento da ervilha. // Materiais da reunião científica e metódica de toda a União sobre melhoramento e genética da ervilha. - Ufa, 1971 - P.30-40.

92. Chekalin N.M., Korsakov N.I., Varlyakov M.D., Agarkova S.N. Golubev A.A., Goluvev A.I., Kurdin A.I., Lakhanov A.P. Seleção de culturas de leguminosas para grão. M.: Kolos, 1981.- P. 336.

93. Chesnokov V.A. Novas fontes de matérias-primas para a produção de ácido cítrico. Boletim da Universidade Estatal de Leninegrado, n.º 9, 1951.

94. Shlyakhturov D.S. Influência do método! S1vbya e normas de vis1vu nashnaya no crescimento de KBacojii. In: Problemas de Suchaenogo zemlya korystuvannaya: materiali nauk. conf. de jovens cientistas. Ky1v: 2003. ECMO

95. www.ukradroconsult.com./.../30-novyh-zasuho ...

96. Asadova A.t. Botânica e estilo das leguminosas. // Conferência internacional "Diversidade, caraterização e utilização de recursos genéticos vegetais para aumentar a resiliência às alterações climáticas". Baku, Azerbaijão, 2011. P.155-156

97. Borojevic S., Willioms W.A. Genotype environment interaction in realisation to qreen area parameters, climate faktors and qrain yield of Wheat. // Proc. 3 rd. Inter. Conferência do Trigo. Madrid, p. 38-52, 1980.

98. Beaver J.S., Kelly J.D. Yield compensation of bean genotypes growing in hillplots (Compensação do rendimento de genótipos de feijão cultivados em parcelas de encosta). Hort Sciensce. 1989. 24. 1. p. 137-138.

99. Finlayk K.W. e Wilkinson G.N.. The analysis of adaptatsion in plant breedinq programme. Austral. J. Agric. Res, 14, 1963. P.743-754.

100. Kapur, R; Satija, D.R.; Dahiya, B.C. Influence of plant population of agronomic traits in pigeon pea varieties. Agr. Sc. Dig. 1987. 7,3; p.159-162.

101. Oka J.I. Adaptabilidade a estações e locais e estabilidade de rendimento em variedades de culturas, seu mecanismo e seleção. // Recent Adv.in Breeding (Tokyo),V.6.217 pp. 1975

102. Polignano G.B., Uggent P., Perrino P.. Análise de padrões e interações genotípicas x ambiente em população de fava (Vicia faba L.). Euphytica 1989.40.1/2: p.31-41.

103.　　Matsuo T. Adaptabilidade em plantas, com. Referência especial ao campo de cultivo. // Japan Comm. Inter. Biol. Proqram (Tokyo), V.6. 217 pp. 1975.

104.　　Wanjari K.B.. Variabilidade e carácter indiano em blackqram (Vigna mungo). Indian J. agr. Sc. 1988, 58, 1; p. 48-51

105.　　file:///C://C:/Users/user-pc/Downloads/48-115-1SN%20(4).pdf

Printed by Books on Demand GmbH, Norderstedt / Germany